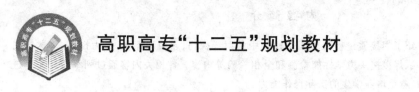

高职高专"十二五"规划教材

焊接质量检验与控制

主　编　李文兵

副主编　丁　晖

主　审　高卫明

北京航空航天大学出版社

内 容 简 介

　　本书较为全面系统地介绍了焊接质量检验时无损探伤中的射线探伤、超声波探伤、磁力探伤、渗透探伤以及密封性检验、耐压性检验、焊接接头力学性能检测和金相检验等内容。各相关内容通过列举应用实例进行讲解,淡化理论,突出应用,着重培养学生的实际操作能力。

　　本教材共设计了8个学习情境,每个学习情境分别介绍了各个检验方法的基本原理、探伤过程并以实例引导学生模拟完成各检测项目。

　　本书可作为高职高专院校、中等职业学校、各类成人教育焊接专业的教材或培训用书,也可供有关技术人员参考。

图书在版编目(CIP)数据

　　焊接质量检验与控制 / 李文兵主编. -- 北京 : 北京航空航天大学出版社,2013.2
　　ISBN 978 - 7 - 5124 - 1003 - 9

　　Ⅰ. ①焊… Ⅱ. ①李… Ⅲ. ①焊接－质量检验②焊接－质量控制 Ⅳ. ①TG441.7

　　中国版本图书馆 CIP 数据核字(2012)第 261945 号

焊接质量检验与控制
主　编　李文兵
副主编　丁　晖
主　审　高卫明
责任编辑　陈守平

*

北京航空航天大学出版社出版发行

北京市海淀区学院路 37 号(邮编 100191)　http://www.buaapress.com.cn
发行部电话:(010)82317024　传真:(010)82328026
读者信箱:goodtextbook@126.com　邮购电话:(010)82316936
北京兴华昌盛印刷有限公司印装　各地书店经销

*

开本:787×1 092　1/16　印张:7.75　字数:198 千字
2013 年 2 月第 1 版　2013 年 2 月第 1 次印刷　印数:3 000 册
ISBN 978 - 7 - 5124 - 1003 - 9　定价:16.80 元

前　言

随着我国高职高专教育改革的深入,国家对各高校培养适用型技能人才提出了很高的要求,一本适用的教材显然尤为重要。

本书重点培养学生采用焊接生产质量控制检测技术对焊接质量的控制能力,以理论知识够用、实际操作能独立完成为编写指导思想,分情景模式模拟实际工况,基本能达到学校和工作岗位零距离对接的效果。

本书充分体现了"教、学、做"合为一体的高职高专教学特点,其大致具有以下特点:

① 针对性强。本书根据国家职业教育的标准,主要针对高职高专院校及中等职业院校的学生编写,全书采用情景模式设计,强调实际应用操作能力,淡化理论知识讲授。

② 技能性强。不刻意做到知识的面面俱到,突出强调知识和技能的紧密联系,重在把握技能和技巧。

③ 通用性强。全书主要以化工行业用产品为检测实例,但又不局限于化工行业,充分考虑辐射其他行业的检测。

本书共设计了 8 个学习情境,学习情境 1～2 由李文兵编写;学习情境 3～4 由丁晖编写;学习情境 5～6 由张伟编写;学习情境 7～8 由姚明傲编写;其中焊接接头冲击性能检验部分由杨林编写。夏华对全书进行主审。

本书在编写过程中参考了国内外相关专业教材及有关文献资料,在此向有关著作者表示衷心的感谢!同时,对本书在编写过程中给予帮助的相关人士表示由衷的谢意!

由于编者水平有限,不足之处敬请读者批评指正。

编者

2012 年 7 月 17 日

目　　录

任务一　基本知识储备

1.1.1　射线探伤的基本原理

　　射线就是指 X 射线、α 射线、β 射线、γ 射线、电子射线和中子射线等。其中易于穿透物质的有 X 射线、γ 射线以及中子射线三种。X 射线和 γ 射线就本质而言是相同的,都是波长很短的电磁波,只是射线发生的方法不同。中子和质子是构成原子核的粒子,质子带正电荷,电子带负电荷,而中子则是电中性的。发生核反应时,中子飞出核外,这种中子流叫做中子射线。

　　这三种射线都是易于穿透物体的,但是在穿透物体的过程中受到吸收和散射,因此,其穿透物体后的强度就小于穿透前的强度。衰减的程度由物体的厚度、物体的材料以及射线的种类而定。

　　当厚度相同的板材含有气孔时,有气孔的部分不吸收射线,容易透过。相反,如果混进容易吸收射线的异物时,这些地方射线就难于透过。因此,用强度均匀的射线照射所检测的物体,使透过的射线在照相胶片上感光,把胶片显影后就可得到与材料内部结构和缺陷相对应的黑度不同的图像,即射线底片;通过对这种底片的观察来检查缺陷的种类、大小、分布状况等,就称之为射线照相法检测。

　　现代工业中最常用于检测的是 X 射线和 γ 射线。

　　X 射线的波长为 0.001～0.1 nm, γ 射线的波长为 0.000 3～0.1 nm。

1. 射线的性质

　　X 射线是由高速运行的电子在真空管内抨击金属板而产生的。目前用于产生 X 射线的设备主要是 X 射线机和加速器,其射线能量及强度均可调节。

　　γ 射线主要是由放射性物质内部原子核的衰变而产生,其能量改变几率不能控制,由 γ 射线机产生。

　　X 射线和 γ 射线均具有以下性质:

　　① 不可见,以光速直线传播。

　　② 不带电,不受电场和磁场的影响。

　　③ 具有可穿透物质的特性,波长越短,穿透能力越强,物质的密度越小,射线越容易穿透。

　　④ 可使物质电离,能使胶片感光,亦能使某些物质产生荧光。

　　⑤ 射线穿透物质时具有有衰减的特性,物质厚度越大,衰减越大。

　　⑥ 具有直线传播特性,速度和可见光速相同。

　　⑦ 能产生生物效应,伤害及杀死有生命的细胞。

　　⑧ 能产生反射、干涉、绕射和折射等现象,并与可见光明显不同。

2. 射线与物质的相互作用

当射线穿透物质时,由于物质对射线有吸收和散射作用(光电效应、汤姆逊散射、康普顿效应和电子对(电子偶)效应等),从而引起射线能量的衰减。可用衰减定律表达:

$$I_\delta = I_0 e^{-\mu\delta} \tag{1-1}$$

式中:I_δ——射线透过厚度 δ 的物质后的射线强度;

$\quad I_0$——射线的初始强度;

$\quad e$——自然对数的底;

$\quad \delta$——被穿透物质的厚度;

$\quad \mu$——射线衰减系数。

由式 1-1 可知,射线强度的衰减是呈负指数规律的,并且随着穿透物质厚度的增加,射线强度的衰减增大;随着线衰减系数的增大,射线强度的衰减也增大。线衰减系数 μ 值与射线本身的能量(波长 λ)及物质本身的性质(原子序数 Z、密度 ρ)有关:对同样的物质,其射线的波长越长,μ 值也越大;对相同波长或能量的射线,物质的原子序数越大,密度越大,则 μ 值也越大。

3. 探伤的基本原理

射线探伤的实质是根据被检工件与其内部缺陷介质对射线能量衰减程度不同,而引起射线透过工件后的强度差异(见图 1-1),使缺陷能在射线底片或 X 光电视屏幕上显示出来。

设射线在工件及缺陷中的线衰减系数分别为 μ 和 μ'。根据衰减定律,透过完好部位 x 厚的射线强度为

$$I_x = I_0 e^{-\mu x}$$

透过缺陷部位的射线强度为

$$I' = I_0 e^{-[\mu(x-\Delta x)+\mu'\Delta x]}$$

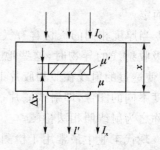

图 1-1　射线探伤原理图

① 当 $\mu' < \mu$ 时,$I' > I_x$,即缺陷部位透过的射线强度大于周围完好部位。例如,钢焊缝中的气孔、夹渣等缺陷就属于这种情况,射线底片上缺陷呈黑色影像,X 光电视屏幕上呈灰白色影像。

② 当 $\mu' > \mu$ 时,$I' < I_x$,即缺陷部位透过的射线强度小于周围完好部位。例如,钢焊缝中的夹钨就属于这种情况,射线底片上缺陷呈白色块状影像。

③ 当 $\mu' > \mu$ 时或 Δx 很小且趋近于零时,$I' \approx I_x$。这时,缺陷部位与周围完好部位透过的射线强度无差异,则射线底片上或 X 光电视屏幕上缺陷将得不到显示。

1.1.2　射线探伤的设备

X 射线机、γ 射线机和电子直线加速器是射线探伤的主要设备,了解其原理、构造、主要性能及用途,是正确选择和有效进行探伤工作的保证。

1. X 射线机

(1) X 射线机的分类

目前国内外把 X 射线机大致分成三种,即携带式 X 射线机、移动式 X 射线机和固定式 X 射线机,这三类 X 射线机在结构和应用上都有所不同。

1）携带式 X 射线机

这是一种体积小，重量轻，便于携带，适用于高空、野外作业的 X 射线机。典型产品如图 1-2 所示。

2）移动式 X 射线机

这是一种体积和重量都比较大，安装在移动小车上，用于固定或半固定场合的 X 射线机，适用于中、厚板焊件的探伤。典型产品如图 1-3 所示。

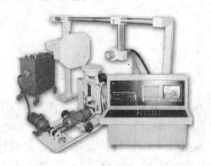

图 1-2　携带式 X 射线机　　　　图 1-3　移动式 X 射线探伤机

3）固定式 X 射线机

固定在确定的工作环境中，靠移动焊件来实现探伤工作。典型产品如图 1-4 所示。

图 1-4　固定式 X 射线探伤机

2. X 射线机的核心部件

X 射线机的核心部件是 X 射线管，又称 X 光管，为一由阴极与阳极等组成的真空电子器件（见图 1-5）。X 射线管的结构特点、工作原理及有关特性如下：

(1) 结构特点

X 射线管由阴极构件、阳极构件和管套（其内真空度达 $133.3 \times 10^{-7} \sim 133.3 \times 10^{-6}$）构成，阴极构件由阴极（钨）、灯丝（钨丝绕成平面螺旋形可产生圆焦点，绕成螺旋管形可产生方形或矩形的线焦点；当有两组灯丝时，可产生两个大小不同的焦点，称之为双焦点）和聚焦罩（纯铁或纯镍制成凹面形）等组成；阳极构件由阳极（铜，导电和散热）和靶块（钨等）组成。

(2) 工作原理

灯丝接低压交流电源通电加热至白炽时，阴极周围形成电子云，聚焦罩的凹面形状使其聚焦。当在阳极与阴极间施加高压时，电子被阴极排斥，被阳极吸引，加速穿过真空空间，高速运

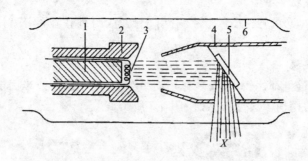

1—阴极；2—聚焦罩；3—阳极（外壳）；5—靶；6—管套

图 1-5　X 射线管结构示意图

动的电子成束状集中轰击靶子的一个很小面积，电子被阻挡、减速和吸收，其部分动能（约 1%）转换为 X 射线。

由于 X 射线管能量转换效率很低，靶块接受电子袭击的动能绝大部分转换为热能，因此，阳极的冷却至关重要，目前采用的冷却方式主要有辐射散热及冲油（水）冷却等。

X 射线管有玻璃壳管和金属陶瓷管两种，金属陶瓷管由于其机械性能、电性能、热性能优良，体积小，重量轻和寿命长等优点，而被广泛地应用，但其缺点是价格昂贵。

（3）焦　点

焦点大小是其重要技术指标之一，会直接影响探伤灵敏度。

焦点尺寸主要取决于灯丝形状和大小，管电压和管电流也有一定影响。

焦点大，有利于散热，可通过较大的管电流。焦点小，透照灵敏度高，底片清晰度好。

靶块被电子轰击的部分叫实际焦点，又称几何焦点。而实际焦点在垂直于射线束轴线的投影，或其在 X 射线传播方向经光学投影后的尺寸（面积）称有效（光学）焦点，探伤机说明书提供的焦点尺寸就是有效焦点。它的形状有三种：圆焦点（用直径表示）、长方形焦点（用 $\dfrac{长+宽}{2}$ 表示）和正方形焦点（用边长表示）。（见图 1-6）

一般斜靶的 X 射线管阳极靶与管轴线垂直方向成 20°的倾斜角，所以有效焦点尺寸大约是实际焦点尺寸的三分之一。

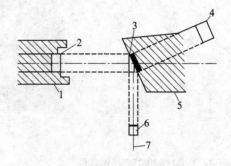

1—阴极；2—灯丝；3—阳极靶；4—实际焦点；
5—阳极；6—有效焦点；7—X 射线束中心

图 1-6　实际焦点和有效焦点

3. γ射线机

γ射线机又称γ射线探伤仪，其按结构形式可分为携带式、移动式和爬行式三种。携带式γ射线机多采用[192]Ir 作射线源，适用于较薄件的探伤；移动式γ射线机多采[60]Co 作射线源，多用于厚件探伤；爬行式γ射线机用于野外焊接管线的探伤。图 1-7 所示为γ射线探伤仪的结构简图。轻便型γ射线探伤仪，一般用手工控制探伤机的开启和关闭。使用中等活性以上放射性元素的γ射线探伤仪一般装在小车上，用遥控装置控制开关。

γ射线探伤设备与普通 X 射线探伤机比较具有如下优点：

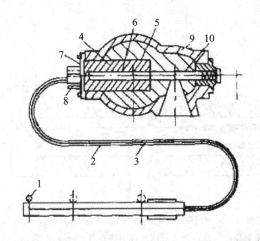

1—闸靶；2—软管；3—钢线；4—保护套；5—套筒；6—放射源；
7—法兰；8—连接支柱；9—防护套；10—圆柱形沟

图 1-7　γ 射线探伤仪结构简图

① 探测厚度大，穿透能力强。对钢工件而言，400 kV X 射线探伤机最大穿透厚度为 100 mm 左右，而 ^{60}Coγ 射线探伤机最大穿透厚度可在 200 mm 以上。

② 体积小，重量轻，不用电，不用水，特别适用于野外作业和在用设备的检测。

③ 效率极高，对环缝和球罐可进行周向曝光和全景曝光。同 X 射线机相比大大地节约了人力、物力，降低了成本，提高了效益。

④ 设备故障率低，无易损部件，价格低。

⑤ 可以连续运行，且不受温度、压力、磁场等外界条件影响。

γ 射线探伤设备的主要缺点是：

① γ 射线源都有一定的半衰期，有些半衰期较短的射源(如^{192}Ir)更换会比较频繁。

② 射线能量固定，无法根据试件厚度进行调节，强度随时间变化，使曝光时间受到制约。

③ 固有不清晰度一般比 X 射线大，用同样的器材及透照技术条件，其灵敏度稍低于 X 射线机。

④ 对安全防护要求高，管理严格。

4. 加速器

加速器是带电粒子加速器的简称，其基本原理是利用电磁场使带电粒子(如电子、质子、氘核、氦核及其他重离子)获得能量。用于产生高能 X 射线(能量＞1MeV 的 X 射线)的加速器主要有电子感应式、电子直线式和电子回旋式三种，目前应用最广的是电子直线加速器。

电子直线加速器的工作原理(见图 1-8)：利用高功率的微波装置，在波导管(7、10 组成)内向电子输送能量，当管内产生 60～100 kV/cm 的微波电场时，灯丝发出的电子每前进 1 cm 的距离将获得 $60×10^3$ eV 能量。显然，波导管越长电子获得的能量就越高，这些高能电子轰击靶面 2，则产生高能 X 射线，其转换效率可高达 40%～50%。

关键器件是波导管，它是由空心金属管 10 中装有许多带中心孔的圆片 7 组成的，称为载有圆片的波导管。波长为 1～100 cm 的高频微波可通过波导管传送，微波的传播速度取决于圆片之间的距离和圆片上中心孔的大小。由于这些波伴有电场，故可用来加速电子。

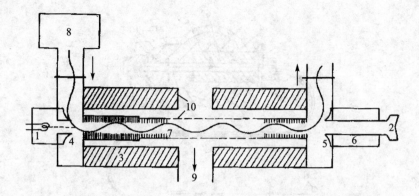

1—电子源;2—X射线靶;3—聚焦磁极;4—微波输入极;5—微波输出极
6—极式电子聚焦准直仪;7—空心圆片;8—磁控管;9—真空泵;10—空心金属管

图1-8 电子直线加速器工作原理示意图

由于加速器具有射线束能量、强度与方向均可精确控制的优点,故其能量可高达35 MeV,探伤厚度达500 mm(钢铁);射线焦点尺寸小(电子感应加速器一般在0.1～0.2×2 mm,电子直线加速器的略大),探伤灵敏度高达0.5%～1%,故其应用日益广泛。

1.1.3 射线照相法探伤

射线照相法探伤实质:根据被检工件与内部缺陷介质对射线能量衰减程度的不同,而引起透过后射线强度分布差异(射线强度分布差异形成射线图像,又称辐射图像),在感光材料(胶片)上获得缺陷投影所产生的潜影,经过暗室处理后获得缺陷影像,再对照有关标准来评定工件内部质量。

1. 探伤系统基本组成

射线照相法探伤系统基本组成如图1-9所示。

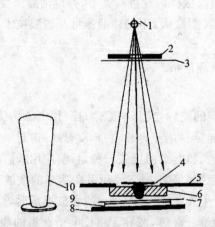

1—射线源;2—铅光阑;3—滤板;4—像质计、标记带;5—铅遮板;
6—工件;7—滤板;8—底部铅板;9—暗盒、胶片、增感屏;10—铅罩

图1-9 探伤系统基本组成示意图

(1) 射线源

射线源可以是 X 射线机、γ 射线机或加速器。

(2) 射线胶片

一张结构良好的射线胶片共有七层物质组成,如图 1－10 所示。

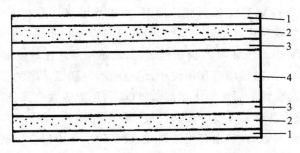

1—保护层;2—乳剂层;3—结合层;4—片基

图 1－10 射线胶片结构

保护层的主要成分为明胶,可保护乳剂层不受损伤;乳剂层的主要成分为明胶、溴化银和微量碘化银(单层厚约 $10\sim20\mu m$),明胶具有增感作用和使卤化银颗粒均匀悬浮、固定其中。溴化银在射线作用下将产生光化反应。碘化银可提高反差和改善感光性能。结合层主要成分为树脂,它能使乳剂层牢固粘附在片基上。片基的主要成分为涤纶或三醋酸纤维,起支承全部涂层的作用。

(3) 增感屏

射线胶片对射线能量的吸收能力很小,例如用 X 射线透照,当管电压为 100kV 时,被射线胶片吸收的能量仅为射线能量的 1% 左右。因此,射线胶片感光速度慢,曝光时间长。为了增加射线胶片对射线能量的吸收,缩短曝光时间,透照时一般都采用增感屏。增感屏有荧光增感屏和金属箔增感屏两种。

1) 荧光增感屏

X 射线具有能使荧光物质发光的特性,因此荧光增感屏主要由荧光物质制成,其结构如图 1－11 所示。

荧光物质的性质是,受到射线照射后,能吸收射线能量,并发出一种特有的射线——荧光。这种射线的波长,比原入射线的波长要长一些,而且荧光的强度与入射线的强度成正比,这样才有可能利用它作为增加射线胶片吸收射线能量的方法。

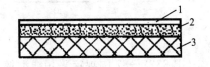

1—保护层;2—荧光物质;3—片基

图 1－11 荧光增感屏

在射线检测中常用的荧光物质是钨酸钙(Ca-WO$_4$)。使用时,将射线胶片夹持在两张增感屏之间,一起装入暗盒内。当采用 100 kV 的 X 射线透照时,一对钨酸钙的增感屏能吸收 40%～50% 的 X 射线能量并将其转变为荧光,因而曝光时间缩短,不但节约了电能,还可延长 X 射线机的使用寿命。

2) 金属增感屏

金属增感屏由金属箔粘合在纸基或胶片片基上制成。探伤时金属增感屏与射线胶片紧密接触,同时将射线胶片夹持在两张增感屏之间,一起装入暗盒内。

增感屏被射线穿透后能够被激发产生 β 射线和一小部分金属的标识 X 射线,从而增加胶片的感光作用(称增感效应)。同时,增感屏对波长较长的散射线又有吸收作用(称滤波作用),可减小散射线引起的灰雾度,从而提高了胶片的感光速度和底片的成像质量。

金属箔产生的射线强度,比钨酸钙所发出的荧光强度小很多,同时还会被金属箔本身吸收一些。特别是用低于 70 kV 的软 X 射线透照时,由于从增感箔激发出的光电子速度很小,只有很少一部分能到达射线胶片,以及由于增感箔本身具有吸收作用等原因,实际上不能缩短曝光时间。只有用 80 kV 以上较强的 X 射线透照时,增感作用才比较明显。

在使用金属箔增感时,虽然增感作用较小,但是能够得到很清晰的影像。由于金属箔本身不像荧光增感屏那样晶粒粗大而影响影像的清晰度,它还能吸收一部分散射线,因此采用硬射线透照金属箔增感,可以获得较高清晰度和灵敏度的照相底片。

常用的金属箔是铅和锡制成,也有用锆制成,最多的则是用铅合金制成的。

(4) 像质计

像质计是用来检查和定量评价射线底片影像质量的工具。其又被称为图像质量指示器、像质指示器、透度计。

像质计可用来检查射线检测的灵敏度。所谓灵敏度,是指在照相底片上,能发现工件中沿透照方向上的最小缺陷尺寸。能发现的缺陷尺寸愈小,则灵敏度愈高。这种用能发现的最小缺陷尺寸来表示的灵敏度,称为绝对灵敏度。用在射线透照方向上能发现的最小缺陷尺寸与工件厚度的比值来表示的灵敏度,称为相对灵敏度。在射线检测中都采用相对灵敏度。

像质计及其摆放位置如图 1-12 所示。它是用 7 根不同直径的金属丝平行排列,用塑料压制而成。金属丝像质计应放在被检焊缝射线源一侧。然后以照相底片上能显示出金属丝的最小直径比上工件的厚度,计算出相对灵敏度。

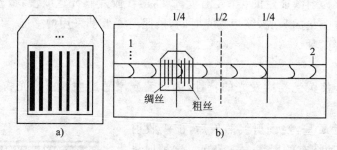

图 1-12 像质计及其摆放位置

GB 3323—87 中规定采用线型像质计,其型号和规格应符合 GB 5618—85《线型像质计》的规定(见表 1-1)。

(5) 铅罩、铅光阑

附加在 X 射线机窗口的铅罩或铅光阑,可以限制射线照射区域大小和得到合适的照射量,从而减少来自其他物体如地面、墙壁和工件非受检区的散射作用,以避免和减少散射线所导致底片灰雾度的增加。

(6) 铅遮板

工件表面和周围的铅遮板,可以有效地屏蔽前方散射线和工件外缘由散射引起的"边蚀"效应,对不规则的工件也可采用钡泥、金属粉末(铜粉、钢粉和铅粉)等代替铅遮板。

表 1 - 1　像质计组别

组别	1/7	6/12	10/16
线直径 /mm	3.200	1.000	0.400
	2.500	0.800	0.320
	2.000	0.630	0.250
	1.600	0.500	0.200
	1.250	0.400	0.160
	1.000	0.320	0.125
	0.800	0.250	0.100

（7）底部铅板

底部铅板又称后防护铅板，用于屏蔽后方散射线（如来自地面）。

（8）滤　板

滤板的材料通常是铜、黄铜和铅，其厚度应合适。例如，透照钢时所用铜滤板的厚度不得大于工件最大厚度的 20%，而铅滤板则不得大于 3%。滤板的作用主要是吸收掉 X 射线中那些波长较大的谱线，这些谱线对底片上影像形成作用不大，却往往引起散射线。

（9）暗　盒

暗盒一般采用柔软的塑料带制成，因为塑料带制成的暗盒对射线吸收不明显，对影像质量无影响，并能很好地弯曲和贴紧工件。

（10）标记带

标记带可使每张射线底片与工件被检部位始终对照；其上的铅质标记有：定位标记（中心标记，搭接标记）、识别标记（工件编号，焊缝编号，部位编号，返修标记）、B 标记等。铅质标记与被检区域同时透照在底片上，它们的安放位置如图 1 - 13 所示。

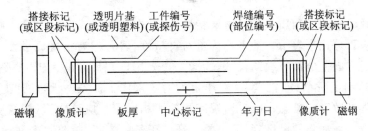

图 1 - 13　各种标记相互位置示例（标记带）

2. 探伤条件的选择

（1）选择原则

1）像质等级

应根据有关规程和标准要求选择适当的探伤条件。例如，透照钢熔焊对接接头时应以 GB 3323—87 为依据。其中对射线探伤技术本身的质量要求，是以所规定的照相质量等级来体现：

A 级——成像质量一般，适用于承受负载较小的产品及部件；

AB 级——成像质量较高，适用于锅炉和压力容器产品及部件；

B级——成像质量最高,适用于航天和核设备等极为重要的产品及部件。

不同的像质等级,对射线底片的黑度、灵敏度均有不同的规定。为达到其要求,需从探伤器材、方法、条件和程序等各方面预先进行正确选择和全面合理布置。

2) 黑　度

底片黑度(或光学密度)是指曝光并经暗室处理后的底片黑化程度,其大小与该部分含银量的多少有关,含银量多的部位比少的部位难于透光,即它的黑度较大。

黑度定义的数学表达式:

$$D = \lg \frac{L_0}{L} \tag{1-2}$$

式中:D——底片黑度;

　　L_0——照射光强;

　　L——透过光强。

灰雾度 D_0 是指未经曝光的胶片经显影处理后获得的微小黑度,当然也包括了片基本身的不透明度。当 $D_0 < 0.2$ 时对射线底片影像影响不大;若其值过大,则会损害影像的对比度和清晰度,而降低灵敏度。GB 3323—87 规定各像质等级的底片黑度值如表 1-2 所列。

表 1-2　底片的黑度范围

射线种类	底片黑度 D[①]		灰雾度 D_0
X 射线	A 级	1.2~3.5	≤3.5
	AB 级		
	B 级	1.5~3.5	
γ 射线	1.8~3.5		

① D 值中包含了 D_0 值。

3) 灵敏度

灵敏度是评价射线照相质量的最重要指标,多以在工件中能发现的最小缺陷尺寸或其在工件厚度上所占百分比来表示。前者称为绝对灵敏度,后者称为相对灵敏度。由于预先无法了解沿射线穿透方向上的最小缺陷尺寸,为此必须采用已知尺寸的人工"缺陷"——像质计来度量。这样就达到了两个目的:其一,在给定的射线探伤工艺条件下,底片上显示出人工"缺陷"影像,以获得灵敏度的概念;其二,监视底片的照相质量。应该明了,用像质计得到的灵敏度并非真正发现实际缺陷的灵敏度,而只是表征对于某些人工"缺陷"(金属丝等)发现的难易程度,但它完全可以对影像质量作出客观的评价。

(2) 射线源的选择

1) 射线能量

射线能量是指射线源管电压的 kV、MeV 值或 γ 源的种类。射线能量越大,其穿透力越强,则可透照的工件厚度越大。但同时也带来由于线质硬而导致成像质量下降(主要使底片对比度明显下降和使灰雾度 D_0 严重增大)。所以,在满足透照工件厚度的条件下,应根据材质和成像质量要求,尽量选择较低的射线能量。尤其对线衰减系数较小的轻金属(如铝)薄件,最好选用软 X 射线机。在 GB 3323—87 中对允许使用的最高管电压和透照厚度的下限值均作出了规定,见图 1-14 和表 1-3。

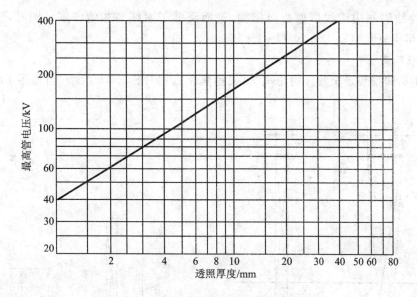

图 1-14　透照厚度和允许使用的最高管电压

表 1-3　γ 射线机和加速器适用探伤厚度

射线源	母材厚度/mm		
	A 级	AB 级	B 级
^{192}Ir	20～100	30～95	40～90
^{60}Co	40～200	50～175	60～150
1～2 MeV	30～200	40～175	50～150
>2 MeV	≥40	≥50	≥50

从表 1-3 可见,γ 射线机和加速器均不能透照低于表中下限厚度的工件,这是因为二者射线能量很高,且不能像普通 X 射线机那样可以调节,必将引起成像质量低劣。

2）射线强度

当管电压相同时,管电流（mA 值）越大,X 射线源的射线强度越大,则曝光时间可缩短,能显著提高探伤生产率。

3）焦点尺寸

由于焦点越小,照相灵敏度越高,因此,在可能条件下应选择焦点小的射线源,同时还需按焦点尺寸核算最短透照距离。

4）辐射角

射线束所构成的角度叫辐射角。X 射线的辐射角分定向和周向,分别适用于定向分段曝光和环焊缝整圈一次周向曝光,γ 射线的辐射角分定向、周向和 4π 立体角,分别适用于分段曝光、周向曝光和全景曝光技术。

此外,射线探伤设备的选型还应考虑其重量、体积和易于对位等其他条件。

(3) 几何参数的选择

1）焦点大小的影响

由于焦点不是点源,而有一定的几何尺寸,在探伤中必然会产生几何不清晰度 u_g（又称半影),从而使缺陷的边缘线影像变得模糊,进而降低了射线照相清晰度。同时,当焦点尺寸 $d_1 > d_2$ 时,可明显看到 $u_{g1} > u_{g2}$(见图 1-15)。

2)透照距离

透照距离即指焦点至胶片的距离 L(又称焦距)。如图 1-16 所示,当焦距 $L_1 > L_2$ 时,则有 $u_{g1} < u_{g2}$。

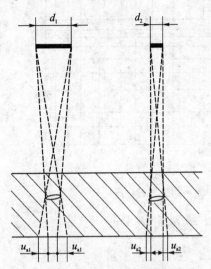

图 1-15 焦点尺寸对几何不清晰度的影响

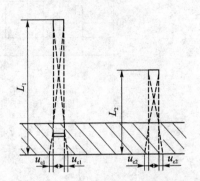

图 1-16 透照距离对几何不清晰度的影响

3)缺陷至胶片距离

当缺陷至胶片距离 $h_1 < h_2$ 时,则有 $u_{g1} < u_{g2}$(见图 1-17)。显然,当缺陷位于工件表面时几何不清晰度将最大。

由于上述原因,目前在射线探伤的国内外标准中,均依几何不清晰度原理推荐用诺模图(见图 1-18)来确定(最小)透照距离。

示例:已知 $d=3\ \text{mm}$,$\delta=20\ \text{mm}$,$u_g=0.4\ \text{mm}$。试通过诺模图决定最小透照距离?

解:在图 1-18 中焦点有效(d)标尺上找到"3"刻度,在工件表面至胶片距离(δ)标尺上找到"20"刻度,连接此二点交于中间的焦点至工件距离($F-\delta$)标尺的"150"刻度处。即射线源焦点距工件表面距离最小值应为 150 mm,因此最小透照距离(最小焦距)$F_{\min}=(150+20)\ \text{mm}=170\ \text{mm}$,这时才能满足规定的几何不清晰度 $u_g=0.4\ \text{mm}$ 的要求。

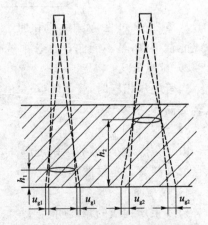

图 1-17 缺陷到胶片的距离对几何
不清晰度的影响

(4)曝光条件的选择

在一定的探伤器材、几何条件和暗室处理等条件下,欲获得规定黑度值的底片,对某一厚度工件应选用的透照参数叫曝光条件,又称曝光规范。其中,X 射线探伤时主要有管电压、管电流、焦距和曝光时间四个参数;γ 射线探伤时主要有焦距和曝光时间两个参数;高能 X 射线

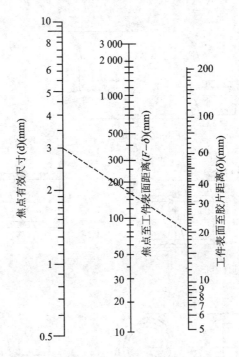

图 1-18 确定焦点到工件表面的诺模图

探伤时主要有焦距和拉德数两个参数。

（5）散射线

射线探伤时，凡是受到射线照射的物体，不论是工件、暗盒、墙壁、地面甚至空气等，都会成为散射源。散射线会使射线底片灰雾度增大，降低对比度和清晰度。

为减少散射线，在探伤系统中可设置增感屏、铅罩、铅光阑、铅遮板、底部铅板和滤板等。

（6）透照方式的选择

GB 3323—87 规定，按射线源、工件和胶片之间的相互位置关系，透照方式分为纵缝透照法、环缝外透法、环缝内透法、双壁单影法和双壁双影法五种，见图 1-19。

在透照方式确定以后，还应注意以下两点：

1）射线入射方向的选择

只有射线能垂直入射工件中缺陷时，底片上缺陷的图像才不会畸变，且其尺寸也最接近缺陷实际尺寸。同时，裂纹、未熔合等面积型缺陷，只有射线入射方向与缺陷垂直时，射线底片上缺陷影像才最清晰，即此时具有最高检出率；实践表明，当射线入射方向与裂纹的倾角大于20°时，裂纹漏检可能性极大。这就表明，在任何透照方式下，均需注意正确选择透照方向。

2）透照厚度差的控制

X 射线机的辐射角 θ，其照射场内射线强度分布并不均匀（见图 1-20），这将使底片黑度分布不均。靠近边缘，由于射线强度减弱，其黑度低于中心附近黑度。同时，射线束射达工件时，中心射线束穿透的工件厚度小于边缘射线束穿透的工件厚度，产生了透照厚度差（见图 1-21，$\delta' > \delta$），它迫使底片中间部位黑度值高于两端部位黑度值。由此可见，若以底片中间部位控制黑度，那么两端黑度值将会过低，降低了图像对比度，使得位于两端部位的缺陷有可能漏检。为此要控制透照厚度比（见表 1-4）。

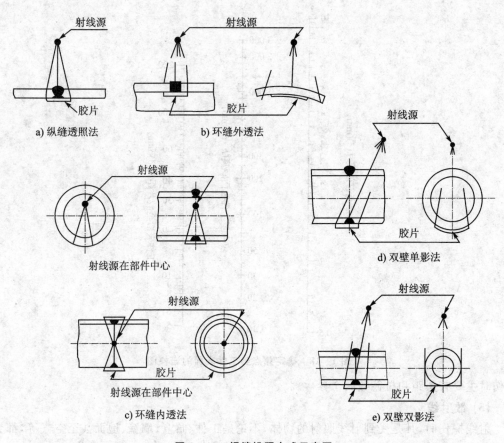

图 1-19　焊缝投照方式示意图

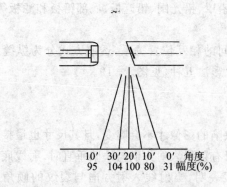

图 1-20　射线照射场内射线强度分布

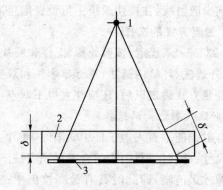

1—射线；2—工件；3—胶片
图 1-21　投射厚度差

透照厚度比为

$$A = \frac{\delta'}{\delta} \tag{1-2}$$

式中：A——透照厚度比；

　　　δ'——边缘射线束穿透工件的厚度；

　　　δ——中心射线束穿透工件的厚度。

表 1-4　透照厚度比控制

像质等级	纵　缝	环　缝
A 级	1.03	1.10
AB 级	1.03	1.10
B 级	1.01	1.06

（7）胶片的暗室处理

胶片的暗室处理是指将胶片乳剂层中经光化作用生成的潜像转变为可见的黑色影像的过程。处理程序一般为：显影—停显—定影—水洗—干燥。胶片的处理应按胶片说明书或公认的有效方法处理。处理溶液应保持在良好的状况中，应注意温度、时间和抖动对冲洗效果的影响。自动冲洗时，还应精确控制传送速度及药液的补充。

2. 焊缝射线底片的评定

射线底片的评定工作简称为评片，由Ⅱ级或Ⅱ级以上探伤人员在评片室内利用观片灯、黑度计等仪器和工具进行该项工作。

（1）底片质量的评定

合格的射线底片，其以下各项应符合 GB 3323—87 的有关规定：

① 黑度值 D（含灰雾度 D_0）。

② 像质指数 z。

③ 检验标记齐全、正确。

④ B 标记。

⑤ 有效检验区内有无伪缺陷。

⑥ 其他妨碍底片评定的缺陷。

质量不符合要求的底片必须重新拍照。

（2）焊缝质量的评级

GB 3323—87 标准规定：焊缝质量分为Ⅰ、Ⅱ、Ⅲ、Ⅳ四级，质量依次降低。

Ⅰ级焊缝内不允许有裂纹、未熔合、未焊透以及条状夹渣四种缺陷存在，允许有一定数量和一定尺寸的圆形缺陷存在。

Ⅱ级焊缝内不允许有裂纹、未熔合、未焊透三种缺陷存在，允许有一定数量和一定尺寸的条状夹渣和圆形缺陷存在。

Ⅲ级焊缝内不允许有裂纹、未熔合以及双面焊和加垫板的单面焊中的未焊透存在，允许一定数量和一定尺寸的条状夹渣和圆形缺陷及未焊透（指非氩弧焊封底的不加垫板的单面焊）存在。

Ⅳ级焊缝指焊缝缺陷超过Ⅲ级者。

圆形缺陷、条状夹渣（含Ⅲ级焊缝中允许存在的未焊透）的具体评级及两种以上缺陷同时存在的综合评级，可详见标准的有关内容。

通过正确评片而得到的相应焊缝区段质量等级，根据有关产品技术条件和规程可给出合格或不合格的结论。

（3）焊接缺陷在射线探伤中的显示

焊接缺陷在射线照相底片上和工业 X 射线电视屏幕上的显示特点，见表 1-5。

表 1-5 焊接缺陷显示特点

焊接缺陷 种类	焊接缺陷 名称	射线照相法底片	工业 X 射线电视法屏幕
裂纹	横向裂纹	与焊缝方向垂直的黑色条纹	与焊缝方向垂直的灰白色条纹
	纵向裂纹	与焊缝方向一致的黑色条纹,两头尖细	与焊缝方向一致的灰白色条纹,两头尖细
	放射裂纹	由一点辐射出去的星形黑色条纹	由一点辐射出去的星形灰白色条纹
	弧坑裂纹	弧坑中纵、横向及星形黑色条纹	弧坑中纵、横向及星形灰白色条纹
未焊透 未熔合	未熔合	坡口边缘、焊道之间以及焊缝根部等处的伴有气孔或夹渣的连续或断续的黑色影像	坡口边缘、焊道之间以及焊缝根部等处的伴有气孔或夹渣的连续或断续的灰白色图像
	未焊透	焊缝根部钝边未熔化的直线黑色影像	灰白色直线显示
夹渣	条状夹渣	黑度值较均匀的呈长条黑色不规则影像	亮度较均匀的长条灰白色图像
圆形缺陷	夹钨	白色块状	黑色块状
	点状夹渣	黑色点状	灰白色点状
	球形气孔	黑度值中心较大,边缘较小且均匀过渡的圆形黑色影像	黑度值中心较小,边缘较大且均匀过渡的圆形
	均布及局部密集气孔	均布及局部密集的黑色点状影像	均布及局部密集的灰白色点状图像
	链状气孔	与焊缝方向平行的成串并呈直线状的黑色影像	与焊缝方向平行的成串并呈直线状的灰白色图像
	柱状气孔	与焊缝黑度极大且均匀的黑色圆形影像	与焊缝黑度极大且均匀的灰白色圆形图像
	斜针状气孔(螺孔、虫形孔)	单个或呈人字分布的带尾黑色影像	单个或呈人字分布的带尾灰白色影像
	表面气孔	黑度值不太高的圆形影像	亮度不太高的圆形显示
	弧坑缩孔	焊道末端的凹陷,为黑色显示	焊道末端的凹陷,呈灰白色图像
形状缺陷	咬边	位于焊缝边缘与焊缝走向一致的黑色条纹	位于焊缝边缘与焊缝走向一致的灰白色条纹
	缩沟	单面焊,背部焊道两侧的黑色影像	单面焊,背部焊道两侧的灰白色图像
	焊缝超高	焊缝正中的灰白色突起	焊缝正中的黑色突起
	下塌	单面焊,背部焊道正中的灰白色影像	单面焊,背部焊道正中的黑色影像
	焊瘤	焊缝边缘的灰白色突起	焊缝边缘的黑色突起
	错边	焊缝一侧与另一侧的黑色的黑度值不同,有一明显界限	
	下垂	焊缝表面的凹槽,黑度值较高的一个区域	焊缝表面的凹槽,亮度较高的一个区域
	烧穿	单面焊,背部焊道由于熔池塌陷形成孔洞,在底片上为黑色影像	单面焊,背部焊道由于熔池塌陷形成孔洞,在底片上为灰白色显示
	缩根	单面焊,背部焊道正中的沟槽,呈黑色影像	单面焊,背部焊道正中的沟槽,呈灰白色显示

焊接缺陷		射线照相法底片	工业 X 射线电视法屏幕
种类	名称		
其他缺陷	弧擦伤	母材上的黑色影像	灰白色显示
	飞溅	灰白色圆点	黑色圆点
	表面撕裂	黑色条纹	灰白色条纹
	磨痕	黑色影像	灰白色显示
	凿痕	黑色影像	灰白色显示

焊缝部分缺陷照片见图 1 - 22。

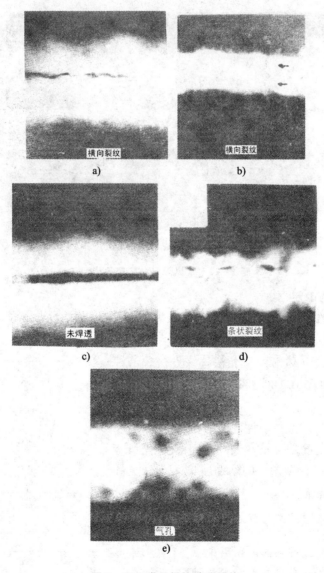

图 1 - 22 常见焊接缺陷照片

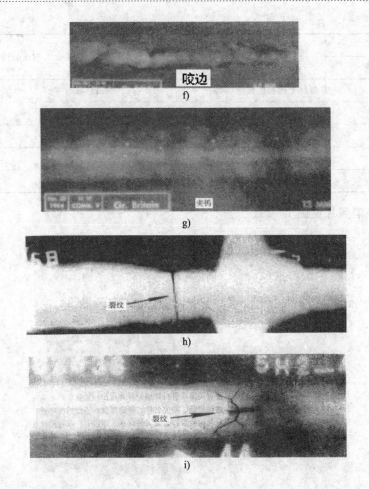

图1-22　常见焊接缺陷照片(续)

(4) 缺陷位置的确定

缺陷在焊缝中的平面位置可在底片上直接测定,而其埋藏深度却必须采用特殊的透照方法(立体摄影法和断层摄影法)确定其位置。

立体摄影法是指立体射线照相法。该方法较为方便、实用,按其透照形式不同主要有以下两种方法。

1) 双重曝光法

利用移动射线源焦点与工件之间的相对位置,对同一张底片进行两次重复曝光,然后根据两次曝光所得缺陷位置的变化计算出缺陷的埋藏深度(见图1-23)。

$$h = \frac{s(L-l) - al}{a + s}$$

式中:h——缺陷距离工件表面的距离;

S——二次曝光时缺陷在底片上移动的距离;

L——焦距;

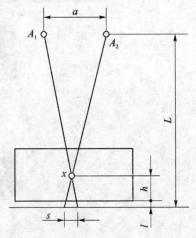

图1-23　双重曝光法原理

l——工件与胶片的距离；

a——射线源焦点从 A_1 到 A_2 的移动距离。

2）放置标记的双重曝光法

① 在工件上表面放置标记 M（铅丝或钨丝），射线源焦点分别在 A_1 和 A_2 两位置各曝光一次（见图 1-24），则有

$$h = \frac{(L - \delta - l^2)\Delta s}{aL - (L - \delta - l)\Delta s}$$

式中：h——缺陷距离工件表面的距离；

δ——工件厚度；

Δs——$|s_1 - s_2|$，$s_1(M_1 x_1)$、$s_2(M_2 x_2)$ 可在底片上分别量出。

② 在工件上、下表面分别放置标记 M、K，射线源焦点分别在 A_1 和 A_2 两位置各曝光一次（焦距和标记点位置固定），如图 1-25 所示，则有

$$h = \delta \frac{k_1 x_1 \pm k_2 x_2}{k_1 M_1 \pm k_2 M_2}$$

式中：h——缺陷距离工件下表面的距离（mm）；

$k_1 x_1$、$k_2 x_2$、$k_1 M_1$、$k_2 M_2$ 可在底片上分别量出（mm）。

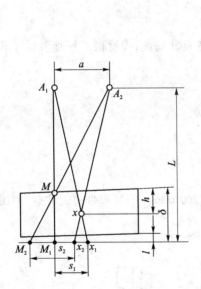 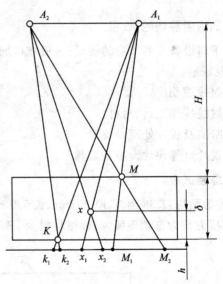

图 1-24 上表面放置标记双重曝光法原理　　图 1-25 上、下表面放置标记双重曝光法原理

当缺陷 x、上标记点 M 两次透照的影像均处于下标记点 K 影像的同一侧时，式中取"一"号；当处于两侧时，则取"＋"号。如果计算结果 h 为负数，则应取其绝对值。

注意：上式只有假设 x 射线束是平行 X 射线时才能成立。而实际射线束均呈圆锥形发散，因而将有测量误差：

$$\Delta h = h(\delta - h)/H$$

式中：H——射线源焦点到工件表面的距离。

可见，当工件厚度不是很大、采用焦距又较大时，该方法可行。因为它只需知道工件厚度及粗略测量底片上各影像距离，即可计算出缺陷埋藏深度，省去测量射线源移动距离和焦距，

因而操作与计算更简便,应用较广。

任务二　焊缝 X 射线探伤实训

1.2.1　任务目的

① 熟悉 X 射线探伤方法和步骤。

② 能够根据底片确定焊接缺陷的种类、位置并评定焊缝质量等级。

1.2.2　任务内容

① 射线探伤设备、器材的安全操作使用方法。

② 像质计、胶片、增感屏、暗盒、识别标记和定位标记的选用。

③ 焊缝射线探伤操作和评定。

④ 编制探伤报告。

1.2.3　任务实施

1. 训练所需场地、设备

① 下料设备及其相应的场地;试板坡口加工设备及其场地;焊材保管场地及烘干设备;焊接设备及场地。

② 射线探伤仪。

③ 射线探伤工具、材料。

④ 暗室及胶片处理设备。

⑤ 观片灯等评片设备及工具。

2. 焊制试板

焊件为两块 Q235 钢板,厚 20 mm、长 500 mm、宽 200 mm。开 V 形带钝边坡口,如图 1-26 所示;焊接方法为自动埋弧焊;焊接材料为 F4A2 - H08A。

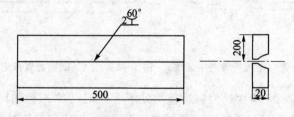

图 1-26　试板简图

3. 确定探伤要求

假定以下探伤要求:

像质等级为 AB 级;探伤比例为 100%;选用线形像质计 6/12;胶片用天津-Ⅲ型胶片, 0.02 mm 铅增感屏。产品号为 012,工件编号 001,焊缝编号用"Z"表示纵缝,焊工号 028。

4. 放置底片标号

清理焊件表面的熔渣及有可能影响射线照相的污物。依据探伤委托编号将铅字码插入到暗盒表面的编号袋中或自制的编号袋中,可参考图1-26～1-27。用记号笔画出定位标记位置(中心或搭接)。将装有胶片的暗盒压住定位标记,用胶布贴好。

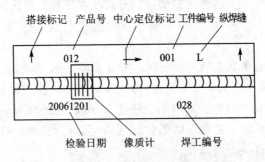

搭接标记 产品号 中心定位标记 工件编号 纵焊缝

012 → 001 L

20061201 028

检验日期 像质计 焊工编号

图 1-27 标记系参考图

5. 放置像质计

将像质计贴在射线源一侧的工件表面上,位于被检焊缝中被检区长度的1/4处,其钢丝垂直于焊缝且细钢丝置于外侧,当射线源侧无法放置时可放在胶片侧,但要作对比试验,使实际像质指数达到规定要求并在像质计右上角附"F"标识。

6. 确定曝光条件进行照相

根据射线照相透照工艺卡选定透照参数。根据诺模图、曝光曲线确定管电压、管电流、曝光时间及焦点至工件表面距离等参数。本训练中可选用管电压100 kV、管电流4 mA,曝光时间3 min。

7. 关机3 min后,取出胶片,进行暗室处理

① 在拆装片过程中,增感屏同胶片同时全部抽出或装入,避免增感屏间或增感屏与胶片间的摩擦。

② 严禁用手直接接触胶片表面。暗室亮度适中。

③ 显影,温度保持为20℃,时间为5 min左右,显影过程中要不断上下移动胶片,保证显影液与胶片充片接触。

④ 显影后水洗(或停影)30 s左右,以防显影液带入定影槽。

⑤ 定影。胶片在定影过程刚开始时要上下移动约3 min,定影时间10 min左右,温度保持在1～20 ℃。

⑥ 水冲洗。用流动的水冲洗30 min左右。

⑦ 自然干燥,要求环境无尘、干燥、通风。

1.2.4 任务实施报告及质量评定

1. 底片的评定

用观片灯观察底片上的缺陷,测定缺陷的大小、数量、位置并判断其性质。参照GB/T 3323—2005《钢熔化焊对接接头射线照相和质量分级》进行评定。焊缝质量要求不低于Ⅱ级,

编写评定报告。

① 首先打开观片灯,放上照相底片,调整观片灯的亮度至合适。

② 对底片进行初步检查,如果有明显的裂纹、未熔合、未焊透则判为不合格。如果有圆形缺陷且其长径比大于 1/2 母材厚度则为不合格。

③ 对长宽比小于或等于 3 的圆形缺陷进行分级。在底片上找出缺陷最严重的部位,在其中选定一个 10 mm×10 mm 的评定区,根据前述内容进行点数计算,要求点数不超过 9 个。超过 9 个即为不合格。

④ 对长宽比大于 3 的条状夹渣进行分级。单个条状夹渣不能超过 6.7 mm,超过为不合格;在任意直线上,相邻两夹渣间距均不超过 6L(L 为该组夹渣中最长者的长度)的任何一组夹渣,其累计长度在 240 mm 焊缝长度内不能超过 20 mm,超过即为不合格。

⑤ 焊缝质量的综合评定。在圆形缺陷评定区内,同时存在圆形缺陷和条状夹渣时,应各自评级,将级别之和减 1 作为最终级别。

⑥ 评定完毕后,取下底片,关观片灯。

2. 探伤结果报告

填写射线探伤底片评定表(见表 1-6),出具探伤报告一份(见表 1-7),如果焊缝质量达不到要求需要返修时,还要编写一份返修通知单,并进行返修、复探。

表 1-6 射线探伤底片评定表

制造(设备)编号:　　　焊件编号:　　　报告编号:

底片编号	像质指数	黑度 端—中	底片反映的缺陷性质、当量、数量、评级依据	评定级别					
				原部位	R1	R2	R3	R4	R5

底片编号	像质指数	黑度 端-中	底片反映的缺陷性质、 当量、数量、评级依据	评定级别					
				原部位	R1	R2	R3	R4	R5

透照：　　　　　　　　　　　　　评片：

表 1 - 7　射线探伤报告

射线提供报告首页

委托单位：××××　　　　××年××月××日　　　　报告编号：××××

产品(设备)名称		管电流	
焊件名称		曝光时间	
制造(设备)编号		增感方式	
焊件编号		透照方式	
设备类(级)别		显影条件	
规格		定影条件	
材料牌号		执行标准	
坡口形式		探伤比例	
胶片型号		合格级别	
仪器型号			
L1			
L2			
管电压(能量)			

射线探伤	焊缝长度 /mm	实际探伤情况			需返修缺陷长度/mm			扩探情况		
		片数/张	13/mm	占该焊缝的 比例(%)	一次	二次	超次	片数/张	13/mm	比例(%)

报告人：　　　　　　审核：　　　　　　责任师：　　　　　　监检员：

学习情境二
超声波探伤

任务一 基本知识储备

2.1.1 超声波探伤的基本原理

超声波一般是指频率高于 20 kHz、人耳不易听到的机械波,高频的超声波束具有与光学相近的指向性,故可用于探伤。金属探伤使用的超声波频率为 0.5～10 Hz,超声波探伤是利用超声波在物体中的传播、反射和衰减等物理特性来发现缺陷的一种探伤方法。按其工作原理分为脉冲反射法、穿透法和共振法超声波探伤;按其显示缺陷的方式分为 A 型、B 型、C 型和 3D 型显示超声波探伤法等;按所使用的超声波波形分为纵波法、横波法、表面波法和板波法超声波探伤;按声波耦合的方式可分为直接接触法和液浸法超声波探伤。

1. 超声波的产生和接收

超声波是由超声波探伤仪产生电振荡并施加于探头,利用其晶片的压电效应而获得。

(1) 探头的组成

探头的内部结构(见图 2-1)如下:

① 保护膜　可使压电晶片免于和工件直接接触而受磨损的保护膜,分为软膜和硬膜,其中软膜用于粗糙表面的工件,硬膜声能量损失小,比软膜应用广。

② 压电晶片　由压电材料切割成薄片制成,晶片两表面敷有银层作电极,"－"极引出的导线接发射端,"＋"极引出的导线接地。

③ 吸收块　由环氧树脂、硬化剂、增塑剂、橡胶液和钨粉等浇铸在"－"极上制成。其作用是吸杂波,并使晶片在激励电脉冲结束后将声能很快损耗掉而停止振动,以便接收反射声波。又称阻尼块。

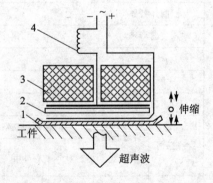

1—保护膜;2—压电晶片;3—吸收块;4—匹配电感

图 2-1　直探头内部结构及其工作原理

④ 匹配电感　对于压电陶瓷晶片制成的探头,其电气阻抗匹配是很重要的。加入与晶片并联的匹配电感(或电阻)可使探头与仪器的发射电路匹配,以提高发射效率。

(2) 压电效应与超声波的接收

如图 2-2 所示,当高频电压施加于晶片两面电极上时,由于逆压电效应,晶片会在厚度方向产生伸缩变形的机械振动。若晶片与工件表面有良好耦合,机械振动就以超声波形式传播进去,这就是发射(见图 2-2a)。反之,当晶片受到超声波作用(遇到异质界面反射回来)而发生伸缩变形时,由于正压电效应,晶片两表面产生不同极性电荷,形成超声频率的高频电压,这就是超声波的接收(见图 2 - 2b))。

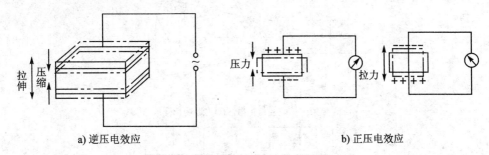

a) 逆压电效应　　　　　　　　　　　b) 正压电效应

图 2 - 2　压电效应

2. 超声波的性质

(1) 有良好的指向性

所谓良好的指向性,包含以下两个含义:

1) 直线性

超声波的波长很短(毫米数量级),因此它在弹性介质中能像光波一样沿直线传播,并符合几何光学规律。

声速对固定介质来讲是个常数,因此根据传播时间就能求得其传播距离,从而对缺陷进行定位。声速 c、波长 λ 和频率 f 之间的关系为

$$c = f\lambda \tag{2-1}$$

2) 束射性

声源发生的超声波能集中在一定区域(称为超声场)定向辐射。

以圆形压电晶片在液体介质中以脉冲波形式发射的纵波超声场为例(见图 2 - 3)。

① 超声波的能量主要集中在 2θ 以内的锥形区域内(见图 2 - 3a))。波长越短,压电晶片直径越大,则 θ 越小,波束指向性越好,超声波能量更集中,探伤灵敏度更高,分辨力更高和定位更精确。

② 近场区中由于波的干涉声压起伏很大(见图 2 - 3a)),这会使处于声压极大值处的较小缺陷回波较高,而处于声压极小值处的较大缺陷却回波较低,这必将引起误判。因此,超声波探伤中总是尽量避免在近场区定量。

$$N \approx \frac{D^2}{4\lambda} \tag{2-2}$$

式中:N——近场区长度(m)。

③ 超声场中不同纵截面上的声压分布是不同的(见图 2 - 3c)),而当 $x \geq N$(x 为距压电晶片表面的距离)时各纵截面中心声压最高,偏离中心轴线的声压逐渐降低。

为此,在实际探伤中测定探头波束轴线的偏离程度时,规定在 N 以外就是这个原因。

④ 未扩散区(见图 2 - 3a))中,$b \approx 1.64N$ 内,波阵面近似平面,声场可看成是平面波声场,平均声压基本不变;扩散区其主波束可视为底面直径为 D 的截头圆锥体,当 $x \geq 3$ 时,波束按球面波规律扩散。

(2) 能在弹性介质中传播,不能在真空中传播

超声波通过介质时,以介质质点的振动方向与波的传播方向间的相互关系的不同,可以分

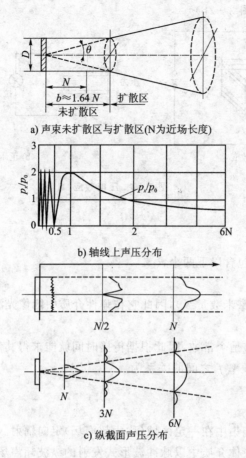

a) 声束未扩散区与扩散区(N为近场长度)

b) 轴线上声压分布

c) 纵截面声压分布

图 2-3 圆盘源超声波

为纵波、横波、表面波等。

① 纵波 质点振动方向与波传播方向一致的波称为纵波或压波,用符号 L 表示。纵波可在固体、液体和气体介质中传播。主要适用于钢板、锻件、焊缝探伤。

② 横波 质点振动方向与波传播方向垂直的波称为横波,用符号 S 表示。主要适用于焊缝、钢管探伤。

③ 表面波 仅在固体表面传播且介质表面质点做椭圆运动的声波,称为表面波,用符号 R 表示。主要适用于焊缝、钢管、锻件、复杂工件表面探伤。

由于金属介质中能够通过不同传播速度的不同波型。因此,对金属(焊缝)探伤应选所需超声波类型(通常选择横波),否则,回波信号会发生混乱,从而得不到正确的结果。同时,探伤中通常把空气介质亦作为真空处理(即认为超声波不能通过空气进行传播)。

(3) 异质界面上的透射、反射、折射和波型转换

1) 垂直入射异质界面时的透射、反射和绕射现象

当超声波从一种介质垂直入射到另一种介质上时,其能量一部分反射而形成与入射波方向相反的反射波,其余能量则透过界面产生与入射波方向相同的透射波(见图 2-4)。超声波能量 $W_{反}$ 与超声波入射能量 $W_{入}$ 之比称之为超声波能量反射系数,即 $K = W_{反}/W_{入}$。K 值见表 2-1。

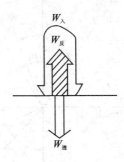

图 2-4　超声波垂直入射异质界面
时的透射反射现象

表 2-1　异质界面反射系数 K

异质界面	反射系数 K
钢-钢	0
钢-有机玻璃	77
钢-变压器油	81
钢-水	88
钢-空气	100
有机玻璃-变压器油	17
有机玻璃-空气	100

固-气界面 $K \approx 100\%$，因此探伤中良好的耦合是一个必要条件。

当然，焊缝与其中的缺陷构成的异质界面也正因为可产生极大的反射才使探伤成为可能。同时，反射系数 K 值仅决定于两介质声阻抗 Z 之差，且差值越大，K 值越大，与何者为第一介质无关。

当界面尺寸 d_f 很小时，将产生波的绕射（见图 2-5），使反射回波减弱。一般认为超声波探伤中能探测到的最小缺陷尺寸为 $d_f = \lambda/2$。显然，要想能探测到更小的缺陷，就必须提高超声波的频率。

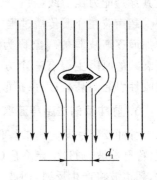

图 2-5　超声波的绕射现象

2）倾斜入射异质界面时的反射、折射、波型转换

根据几何光学原理，有

$$\frac{\sin \alpha}{C_L} = \frac{\sin \alpha_L}{C_{L1}} = \frac{\sin \alpha_S}{C_{S1}} = \frac{\sin \gamma_L}{C_{L2}} = \frac{\sin \gamma_S}{C_{S2}} \qquad (2-3)$$

式中：C_L、C_{L1}——介质Ⅰ的纵波声速（m/s）；

C_{S1}——介质Ⅰ的横波声速（m/s）；

C_{L2}——介质Ⅱ的纵波声速（m/s）；

C_{S2}——介质Ⅱ的横波声速（m/s）；

α——声波入射角（°）；

α_L——纵波反射角（°）；

α_S——横波反射角（°）；

γ_L——纵波折射角（°）；

γ_S——横波折射角（°）。

由式 2-3 可知，当入射角增大时，折射角和反射角随之增大。当纵波折射角 $\gamma_L = 90°$ 时，在第Ⅱ介质内只传播横波，这时的声波入射角称第一临界角（α_{1m}）；当横波折射角 $\gamma_S = 90°$ 时，在第Ⅰ介质和第Ⅱ介质的界面上产生表面波的传播，这时的声波入射角称第二临界角（α_{2m}）（见图 2-6）。

由第一、第二临界角的物理意义可知：

① 当 $\alpha < \alpha_{1m}$ 时,第 Ⅱ 种介质中同时存在着折射纵波和折射横波,这种情况在探伤中不采用。

② 当 $\alpha_{1m} \leqslant \alpha < \alpha_{2m}$ 时,第 Ⅱ 种介质中只存在折射横波,这是常用的斜探头的设计原理和依据,也是横波探伤的基本条件。

③ 当 $\alpha \geqslant \alpha_{2m}$ 时,第 Ⅱ 种介质中既无折射纵波又无折射横波,但这时在第 Ⅱ 种介质表面形成表面波,这是常用的表面波探头的设计原理和依据。

(4) 具有可穿透物质和在物质中有衰减的特性

超声波和射线一样,具有很强的穿透物质的能力,且其穿透能力比射线更强。

超声波在介质传播过程中,其能量随着传播距离的增加而逐渐减弱的现象称为超声波的衰减。引起超声波衰减的原因主要有三个方面:散射引起的衰减;介质吸收性引起的衰减;声束扩散引起的衰减。

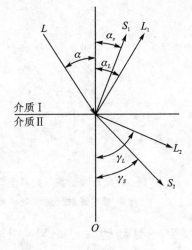

图 2-6 超声波纵波倾斜入射时的反射与折射

3. 脉冲反射法超声波探伤基本原理

脉冲反射法是超声波探伤中应用最广的方法。其基本原理是将一定频率间断发射的超声波(称脉冲波)通过一定介质(称耦合剂)的耦合传入工件,当遇到异质界面(缺陷或工件底面)时,超声波将产生反射,回波(即反射波)被仪器接收并以电脉冲信号在示波屏上显示出来,由此判断缺陷的有无,以及进行定位、定量和评定。根据回波的表示方式不同,该方法又可分为 A 型显示、B 型显示、C 型显示和 3D 显示法等。

(1) A 型显示超声波探伤原理

A 型脉冲反射式超声波探伤仪(见图 2-7)接通电源后,同步电路产生的触发脉冲同时加至扫描电路和发射电路。扫描电路受触发开始工作产生锯齿波扫描电压,加至示波管水平(X 轴)偏转板,使电子束发生水平偏转,在示波屏上产生一条水平扫描线(又称时间基线)。与此同时,发射电路受触发产生高频窄脉冲加至探头,激励压电晶片振动,在工件中产生超声波。超声波在工件中传播,遇到缺陷和底面发生反射,回波被同一探头或接收探头所接收并被转变为电信号,经接收电路放大和检波,加至示波管垂直(Y 轴)偏转板上,使电子束发生垂直偏转,在水平扫描线的相应位置上产生缺陷波 F、底波 B。

由于仪器水平扫描线的长短与扫描电压有关,而扫描电压与时间成正比,因此反射波的位置能反映声波传播的时间,即反映声波传播的距离,故由此可以对缺陷进行定位。又由于反射波幅度的高低与接收到的电信号大小有关,电信号的大小取决于接收到的反射声能的多少,而反射声能又与缺陷反射面的形状和尺寸有一定关系,因此反射波幅度的高低将间接地反映出缺陷的大小,故由此可以对缺陷定量和评价。

(2) B 型显示超声波探伤基本原理

B 型显示是脉冲回波超声波平面成像的一种。它是以亮点显示接收信号,以示波屏面代表被探伤对象由探头移动线和声束决定的截面。纵坐标代表声波的传播时间,横坐标代表探头的水平位置,它可以显示出缺陷在横截面上的二维特征。完成这种显示的探头动作方式称为 B 扫描。

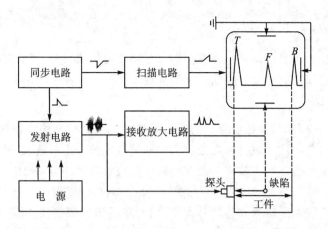

图 2-7 A 型脉冲反射式超声波探伤仪电路框图

B 型探伤仪(见图 2-8)接通电源后,同步电路触发发射电路,使探头发射超声波;同时还触发 Y 轴扫描电路,将锯齿波电压加到示波管(这里采用长余辉示波管或存贮示波管)Y 轴偏转板上。随探头位置变化而变化的直流电位加到 X 轴偏转板上。探头接收到的回波信号经放大电路放大后,加到示波管的栅极进行扫描亮度调制(即辉度调制,亮点显示接收信号)。当探头在工件上沿一直线移动时,则示波屏上就以探头在被检材料表面上的位置和波传播时间为直角坐标显示出图像。

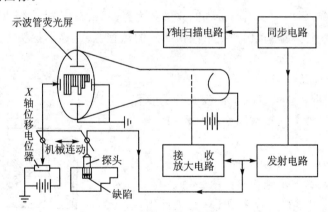

图 2-8 B 型显示原理框图

对于 B 型显示,探头只需实现一维扫描即可成像。

(3) C 型显示超声波探伤基本原理

C 型显示是脉冲回波超声波平面成像的一种,它是以亮点或暗点显示接收信号。示波屏面所表示的是被探伤对象某一定深度上与声束相垂直的一个平面投影像,一幅画面只能显示同一深度上不同位置的缺陷。完成这种显示的探头动作方式称为 C 扫描,为保证成像精确度,一般都采用水浸法探伤。

(4) 3D 显示超声波探伤基本原理

B 型显示和 C 型显示的不足之处是对于缺陷的深度和空间分布不能一次记录成像。而 3D 显示技术能把 B、C 显示相结合产生一个准三维的投影图像,同时能表示出缺陷在空间的特征。

2.1.2 超声波探伤的设备

超声波探伤仪、探头和试块是超声波探伤设备的主要组成部分,了解其原理、构造、主要性能及用途,是正确选择和有效进行探伤工作的保证。

1. 超声波探伤仪

超声波探伤仪是探伤的主体设备。它的作用是产生超声频率的电振荡并加于探头(换能器),激励探头发射超声波,同时将探头接收到的回波的电信号进行放大,通过一定方式显示出来,从而判断被探工件内部有无缺陷以及获得缺陷的位置及大小等信息。

目前,应用最广泛的是 A 型脉冲反射式超声波探伤仪,其发射的是脉冲波,荧光屏采用 A 型显示方式,可确定缺陷的位置和估计其大小,属于单通道的探伤仪。国产 CTS - 22,CTS - 23、CTS - 24、JTS - 5、JTSZ - 1、CST - 3、CST - 7 等均属于 A 型显示脉冲反射式单通道探伤仪。近年已开发出参数显示、彩色显像和缺陷自动记录等超声波探伤仪,如 SMART - 220、CTS - 8010、TIS - 7 等型号超声波探伤仪。

2. 探 头

探头又称压电超声换能器。在超声波探伤中,超声波的产生和接收过程是电—声能量转换的过程,这种转换是通过探头实现的。

(1) 探头的分类

探头按在被探材料中的发射与接收的波形分为直探头、斜探头、水浸聚焦探头和双晶探头等。此外,还有一些特殊探头,例如狭窄探伤面用的微型探头、高温探头等。其中直探头和斜探头应用较多。

1) 直探头

声束垂直于被探工件表面入射的探头称为直探头,可发射和接收纵波。典型结构参见图 2 - 1。

2) 斜探头

利用透声斜楔块使声束倾斜于工件表面射入工件的探头称为斜探头,典型结构参见图 2 - 9。

图中斜楔块 2 用有机玻璃制作,它与工件组成固定倾角的异质界面,使压电晶片 3 发射的纵波通过波型转换,以折射横波在工件中传播。其他组成部分的材料和作用同直探头的相应部分。通常横波斜探头以钢中折射角标称:$\gamma = 40°、45°、50°、60°、70°$;有时也以折射角的正切值标称:$K = tg\gamma = 1.0、1.5、2.0、2.5、3.0$。

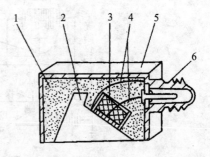

1—吸收块;2—斜楔块;3—压电晶片;
4—内部电源线;5—外壳;6—接头

图 2 - 9 斜探头结构

3) 水浸聚焦探头

水浸聚焦探头是一种由超声探头和声透镜组合而成的探头(见图 2 - 10)。

声透镜由环氧树脂浇铸成球形(点聚焦探头)或圆柱形(线聚焦探头)凹透镜,遵循折射定律可使声束汇聚到一点或一条线。

由于声束汇聚区能量集中,声束尺寸小,因而可提高灵敏度和分辨力。

4) 双晶探头

双晶探头又称分割式 TR 探头,内含两个压电晶片,分别为发射、接收晶片,中间用隔声层隔开。其主要用于探测近表面缺陷和薄工件的测厚。

(2) 探头主要性能

探头性能的好坏,直接影响着探伤结果的可靠性和准确性。因此,对其有关指标均有一定的要求(ZBY 231—84 超声波探伤用探头性能测试方法),并需通过测试以保证产品质量。

这里仅介绍焊缝超声波探伤中常用的斜探头的主要性能。

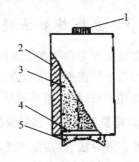

1—接头;2—外壳;
3—阻尼块;4—压电晶片

图 2-10 水浸聚焦探头基本结构

① 折射角 γ(或探头 K 值) γ 或 K 值大小决定了声束入射于工件的方向和声波传播途径,是为缺陷定位计算提供的一个有用数据,因此探头使用有磨损后均需测量 γ 或 K 值。

② 前沿长度 声束入射点至探头前端面的距离称前沿长度,又称接近长度(见图 2-11)。它反映了探头对焊缝可接近的程度。入射点是探头声束轴线与楔块底面的交点,探头在使用前和使用过程中要经常测定入射点位置,以便对缺陷准确定位。

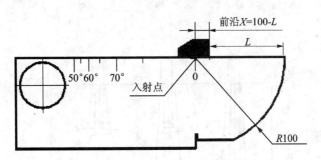

图 2-11 探头前沿长度示例

③ 声轴偏斜角 声轴偏斜角反映了主声束中心轴线与晶片中心法线的重合程度,除直接影响缺陷定位和指示长度测量精度外,也会导致探伤者对缺陷方向性产生误判,从而影响对探伤结果的分析。GB 11345—89《钢焊缝手工超声波探伤方法和探伤结果分级》规定:主声束在水平方向上的偏离应限制在 2°范围内;主声束垂直方向的偏离,不应有明显的双峰。

3. 试 块

按一定用途设计制作的具有简单形状的人工反射体,称为试块。它是判定探伤对象质量的重要工具。根据使用目的和要求,通常将试块分成以下两大类:标准试块(我国的 CSK - IB)和对比试块(RB-1、RB-2、RB-3)。

标准试块:由法定机构对材质、形状、尺寸、性能等作出规定和检定的试块称标准试块。其主要用于测试和校验探伤仪和探头性能,也可用于调整探测范围和确定探伤灵敏度。

对比试块:对比试块又称参考试块,它是由各专业部门按某些具体探伤对象规定的试块,主要用于调整探测范围、确定探伤灵敏度和评价缺陷的大小,它是对工件进行评价和判废的依据。

2.1.3 直接接触法超声波探伤

在探头和工件探伤面之间涂以很薄的耦合剂层,二者可看作是直接接触,采用这种声耦合方式的超声波探伤方法称为直接接触法。探伤中其主要采用 A 型显示脉冲反射法工作原理,由于操作方便、探伤图形简单、判断容易和探伤灵敏度高,在实际生产中得到了最广泛的应用。

1. 垂直入射法与斜角探伤法

垂直入射法、斜角探伤法均是直接接触法超声波探伤的基本方法。

(1) 垂直入射法

垂直入射法是采用直探头将声束垂直入射工件探伤面进行探伤的方法,简称垂直法,又称纵波法。其表现形式为:当直探头在探伤面上移动时,无缺陷处示波屏上只有始波 T、底波 B(见图 2-12a));若探头移到有缺陷处且缺陷反射面比声束小时,则示波屏上出现始波 T、缺陷波 F 和底波 B(见图 2-12b));当探头移到大缺陷处(缺陷比声束大)时,则示波屏上只出现始波 T、缺陷波 F(见图 2-12c))。

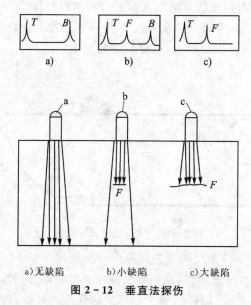

图 2-12 垂直法探伤

显然,垂直法探伤能发现与探伤面平行或近于平行的缺陷。

(2) 斜角探伤法

斜角探伤法是采用斜探头将声束倾斜入射工件探伤面进行探伤的方法,简称斜射法,又称横波法。其表现形式为:当斜探头在探伤面上移动时,无缺陷时示波屏上只有始波 T(见图 2-13a)),这是因为声束倾斜入射至底面产生反射后,在工件内以"W"形路径传播,故没有底波出现;当工件存在缺陷而缺陷与声束垂直或倾斜角很小时,声束会被反射回来,此时示波屏上将显示出始波 T、缺陷波 F(见图 2-13b));当斜探头接近板端时,声束将被端角反射回来.在示波屏上将出现始波 T 和端角波 B'(见图 2-13c))。

斜角探伤法能发现与探测表面成角度的缺陷,常用于焊缝、环状锻件、管材的检查。

在焊缝探伤中,必须熟悉斜角探伤法的几何关系,这样才有助于判断缺陷回波并进行有关缺陷位置参数的计算。图 2-14 标明了焊缝斜角探伤相关参数的概念及相应的几何关系:

　　跨距点:声束中心线经底面反射后到达探伤面的一点(见图 2-14 中的 A 点)。

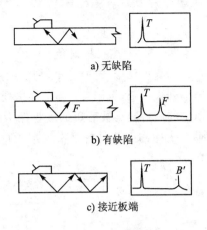

a) 无缺陷

b) 有缺陷

c) 接近板端

图 2-13　斜射法探伤

　　跨距 P:声探头入射点(O)至跨距点(A)的距离。

　　直射法:在 0.5 跨距的声程以内,超声波不经底面反射而直接对准缺陷的探伤方法,又称一次波法。

　　一次反射法:超声波只在底面反射一次而对准缺陷的探伤方法,又称二次波法。

　　缺陷水平距离 l:缺陷在探伤面的投影点至探头入射点的距离,又称探头缺陷距离。

　　简化水平距离 l':缺陷在探伤面的投影点到探头前端的距离。

　　缺陷深度 h:缺陷距探伤面的垂直距离,又称缺陷的垂直距离。

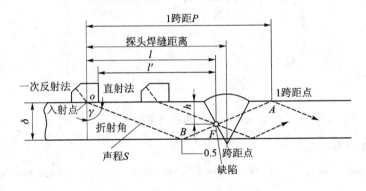

图 2-14　焊缝斜角探伤相关参数概念

根据三角公式可知各参数间的关系:

0.5 跨距:$P_{0.5} = \delta \tan\gamma$

1 跨距:$P_1 = 2\delta \tan\gamma$

缺陷深度(直射法):$h = S\cos\gamma$

缺陷深度(一次反射法):$h = 2\delta - S\cos\gamma$

水平距离:$l = S\sin\gamma$

简化水平距离:$l' = l - b = v - b$

水平距离与深度间的关系:

① 直射法:$l = h\tan\gamma = kh$,故有

$$h = \frac{l}{\tan\gamma} = \frac{l}{k};$$

② 一次反射法:$l = (2\delta - h)k$,故有

$$h = 2\delta - \frac{1}{k}$$

式中:δ—— 工件厚度;

　　　　b—— 探头前沿长度;

S—— 声程；

k—— 探头 K 值；

γ—— 探头折射角。

在焊缝探伤中,有时还要采用一发一收两个斜探头并由专用夹具固定成组,对焊缝进行所谓的串列式扫查(见图 2-15),称串列斜角探伤法。前边的为发射探头,其发射声束遇到缺陷时产生的反射波会被后边的接收探头所接收,在示波屏上出现始波 T、伤波 F。串列斜角探伤对垂直于探伤面且具有平滑反射面的缺陷,查出效果很好。此时,仪器应处在一发一收工作状态。

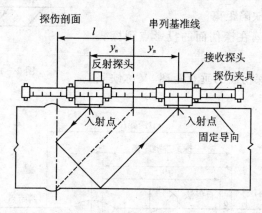

图 2-15 串列斜角探伤

2. 探伤条件的选择

对于焊缝的探伤,应根据其材质、结构形式、焊接工艺、产品技术规程和检验标准等来选择适当的探伤条件。

(1) 选择原则

1) 检验等级

一般根据对焊缝探测方向的多少,把超声波探伤划分为 A、B、C 三个级别:

A 级——检验的完整程度最低,难度系数最小。适用于普通钢结构检验。

B 级——检验完整程度一般,难度系数较大。适用于压力容器检验。

C 级——检验完整程度最高,难度系数最大。适用于核容器及管道的检验。

各检验等级的检验范围见表 2-2。

2) 探伤灵敏度的选定

探伤灵敏度是指在确定的探测范围内的最大声程处发现规定大小缺陷的能力。它也是仪器和探头组合后的综合指标,因此可通过调节仪器上的"增益"、"衰减器"等灵敏度旋钮来实现。具体的探伤灵敏度可根据有关标准或技术要求来确定。

应当注意,探伤灵敏度越高,发现缺陷的能力就越强。但当灵敏度过高时,由于多种原因会使信噪比下降,所以也不是越高越好。

(2) 探头的选择

1) 探头型式的选择

根据工件的形状和可能出现缺陷的部位、方向等条件选择探头型式,原则上应尽量使声束轴线与缺陷反射面相垂直。一般说来。探测焊缝宜选择斜探头。

表 2-2　相应检验等级的主要检验项目汇总

检验等级 板厚/mm 项目	A	B[①]		C		备　注
	$\delta \leqslant 50$	$\delta \leqslant 100$	$\delta > 100$	$\delta \leqslant 100$	$\delta > 100$	
探头角度数量	1	1 或 2	2	2	2	
探伤面数量	1	1 或 2	2	1	2	
探伤侧数量	1	2	2	2	2	
串列扫查	0	0		0 或 2	2	
母材检验	0	0		1	1	
纵向缺陷探测方向与次数	1	2 或 4	4	$\geqslant 6$	10	
横向缺陷探测方向与次数	0	0 或 4	0 或 4	4	4	

① B 级检验母材厚度 $\delta \geqslant 50$ mm 时,也推荐采用双面双侧一种角度探伤,或单面双侧两种角度探伤,这与原 JB 1152—81 标准要求相一致。

2) 晶片尺寸选择

晶片尺寸增大,声束指向性好、声能集中,对探伤有利。但同时,近场区长度增大,对探伤不利。

实际探伤中,大厚度工件或粗晶材料探伤宜采用大晶片探头,而较薄工件或表面曲率较大的工件探伤,宜选用小晶片探头。

3) 频率选择

频率是制定探伤工艺的重要参数之一。频率高,探伤灵敏度和分辨力均提高且指向性亦好,这些对探伤有利。但同时,频率高又使近场区长度增大、衰减大等,对探伤不利。据此,对粗晶材料、厚大工件的探伤,宜选用较低频率;对于晶粒细小、薄壁工件的探伤,宜选用较高频率。

焊缝探伤时,一般选用 2 M～5 MHz 频率,推荐采用 2 M～2.5 MHz。

4) 探头角度或 K 值的选择

原则上应根据工件厚度和缺陷方向性选择探头角度或 K 值,即尽可能探测到整个焊缝厚度并使声束尽可能垂直于主要缺陷。

焊缝探伤中,薄工件宜采用大 K 值探头,以拉开跨距,提高分辨能力和定位精度。大厚度的工件宜采用小 K 值探头,以减小修整面的宽度,有利于缩短声程,减小衰减损失,提高探伤灵敏度。如果从探伤垂直于探伤面的裂纹考虑,K 值越大,声束轴线与缺陷反射面越接近于垂直,缺陷回波声压就越高,即灵敏度越高。对有些要求比较严格的工件,探伤时应采用多 K 值、多探头进行扫查,以便于发现不同取向的缺陷。

有关探头角度或 K 值与板厚的关系,参见表 2-3。

(3) 探伤仪的选择

探伤仪应按有关标准和规程要求去选用并应考虑以下情况:

① 对于定位要求高的情况,应选择水平线性误差小的仪器。

② 对于定量要求高的情况,应选择垂直线性好、衰减器精度高的仪器。

表 2-3 探伤面及使用的折射角或 K 值

厚度/mm	探伤面			探伤方法	使用折射角 γ 或 K 值
	A	B	C		
≤25	单面单侧	单面双侧或双面单侧		直射法及一次反射法	70°(K2.5,K2.0)
>25~50					70°或60°(K2.5,K2.0,K1.5)
>50~100	无 A 级			直射法	45°或60°;45°和60°,45°和70°并用(K1.0 或 K1.5;K1.0 和 K1.5,K1.0 和 K2.0 并用)
>100		双面双侧			45°或60°并用(K1.0 和 K1.5 或 K2.0 并用)

③ 对于大型工件的探伤,应选择灵敏度余量高、信噪比高、功率大的仪器。

④ 为有效地发现近表面缺陷和区分相邻缺陷,应选择盲区小、分辨力好的仪器。

⑤ 室外现场探伤,应选择重量轻、示波屏亮度好、抗干扰能力强的携带式仪器。

此外,探伤仪还应性能稳定、重复性好和可靠性高。

(4) 耦合剂的选用

接触法探伤常选用甘油、机油、化学浆糊等有一定黏度的耦合剂,有时也采用水作耦合剂。对于钢材等易锈的材料,常采用机油、变压器油等作耦合剂。

选择耦合剂时应考虑以下要求:

① 能润湿工件和探头表面,流动性、黏度和附着力适当,不难清洗;

② 声阻抗要大,透声性能好;

③ 来源广,价格便宜;

④ 对工件无腐蚀,对人体无害,不污染环境;

⑤ 性能稳定、不易变质,能长期保存。

(5) 探伤面的选择与准备

根据不同的检验等级和板厚来选择探伤面(参见表 2-2、表 2-3 的规定)。同时,探伤前必须对探头需要接触的焊缝两侧表面,进行以清除飞溅、浮起的氧化皮和锈蚀等为目的的修整,修整后表面粗糙度应不大于 $R_a=6.3\ \mu m$。

要求去除余高的焊缝,应将余高打磨到与邻近母材等齐。而保留余高的焊缝,如焊缝表面有咬边、较大的隆起和凹陷等,也应进行适当的修磨并作圆滑过渡,以免影响检验结果的评定。

(6) 探伤方法的选择

应考虑工件的结构特征,并以所采用的焊接方式容易生成的缺陷为主要探测目标,结合有关标准来选择。

(7) 补 偿

在探伤实践中,对表面粗糙度差异(指工件与试块之间表面粗糙度的差异)和与曲面接触两种情况,均需采取补偿措施,以保证必要的灵敏度要求。

3. 焊接接头的探伤

由于焊接接头的超声波探伤受焊缝余高的限制,同时又有缺陷方向性的要求,主要采用斜角探伤法,在某些场合也辅以垂直入射法探伤。

（1）平板对接接头的探伤

1）探伤面、探伤方法和斜探头折射角的确定

按不同检验等级和板厚范围选择探伤面、探伤方法和斜探头折射角或 K 值（见表 2－3）。

2）检验区域的宽度确定

检验区域的宽度应是焊缝本身再加上焊缝两侧各相当于母材厚度 30％ 的一段区域，其最小 10 mm，最大 20 mm（见图 2－16）。

3）探头移动 l 的确定

为了保证声束能扫查到整个焊缝截面，探头必须在探伤面上作前后左右的移动扫查，移动区宽度 l 应满足：

一次反射法或串列式扫查探伤：$l>1.25P$；

直射法探伤：$l>0.75P$。

式中：P——跨距。

4）单探头扫查方式

① 锯齿形扫查：通常以锯齿形轨迹作往复移动扫查，同时探头还应在垂直于焊缝中心线位置作 $\pm10°\sim15°$ 的左右转动（见图 2－17）。该扫查方法常用于焊缝粗探伤。

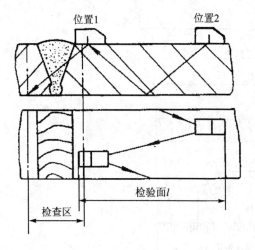

图 2－16　检验区域

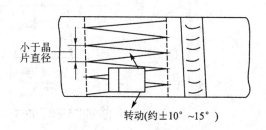

图 2－17　锯齿形扫查

② 基本扫查：有四种方式（见图 2－18）。其中，转角扫查的特点是探头作定点转动，用于确定缺陷方向并可区分点、条状缺陷。同时，转角扫查的动态波形特征有助于对裂纹进行判断。环绕扫查的特点是以缺陷为中心，变换探头位置，主要用于估判缺陷形状，尤其是点缺陷的判断。左右扫查的特点是探头平行于焊缝或缺陷方向作左右移动，其主要用于估判缺陷形状，特点是可区分点、条状缺陷，在定量法中常用来测定缺陷指示长度。前后扫查的特点是探头垂直于焊缝前后移动，常用于估判缺陷形状和估计缺陷高度。

③ 平行扫查：特点是在焊缝边缘或焊缝上（C 级检验，焊缝余高已磨平）作平行于焊缝的移动扫查（见图 2－19），可探测焊缝及热影响区的横向缺陷（如横向裂纹）。

④ 斜平行扫查：特点是探头与焊缝方向成一定角度（$\alpha=10°\sim45°$）的平行扫查（见图 2－20），有助于发现焊缝及热影响区的横向裂纹和与焊缝方向成倾斜角度的缺陷。为保证夹角 α 和与焊缝相对位置的稳定不变，需要使用扫查夹具。

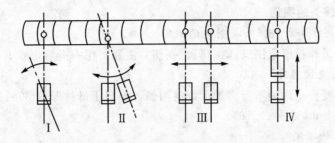

Ⅰ—转角扫查；Ⅱ—环绕扫查；Ⅲ—左右扫查；Ⅳ—前后扫查

图 2-18　斜探头基本扫查方法

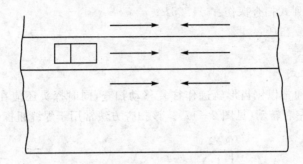

图 2-19　平行扫查

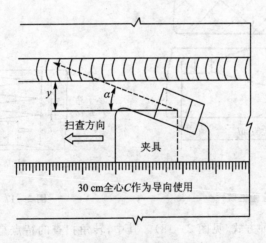

图 2-20　斜平行扫查

在电渣焊接头的探伤中，增加 $\alpha=45°$ 的斜平行扫查，可避免焊缝中"八"字形裂纹的漏检。

5）双探头扫查方式

①串列扫查：特点是两个斜探头垂直于焊缝前后布置（有时也采用几组探头串列布置的方式——组合式串列探头，可同时扫查整个超厚焊缝截面），进行横方形扫查或纵方形扫查（见图 2-21）。该扫描方式主要用于探测厚焊缝中垂直于表面的竖直面状缺陷，特别是反射面较光滑的缺陷（如窄间隙焊中的未熔合）。

②交叉扫查：特点为两个探头置于焊缝的同侧或两侧且成 $60°\sim90°$ 布置（见图 2-22），常用于探测焊缝中的横向或纵向面状缺陷。

③Ⅴ形扫查：特点是两个探头置于焊缝的两侧且垂直于焊缝对向布置（见图 2-23），可探

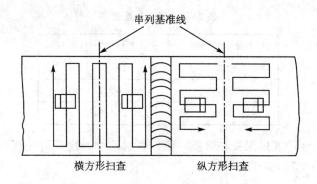

串列基准线

横方形扫查　　　纵方形扫查

图 2-21　横方形扫查及纵方形扫查

测与探伤面平行的面状缺陷,如多层焊中的层间未熔合。

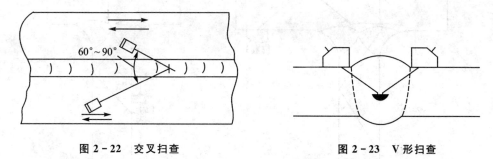

$60°\sim90°$

图 2-22　交叉扫查　　　　　　　图 2-23　V 形扫查

(2) 曲面工件对接接头的探伤

① 当探伤面曲率半径 $R > \dfrac{W^2}{4}$(其中 W 为探头接触面宽度,环缝检验时为探头的宽度,纵缝检验时为探头的长度)时,曲面工件对接接头(环缝或纵缝)探伤同平板对接接头的探伤。

② 当探伤面曲率半径 $R \leqslant \dfrac{W^2}{4}$ 时:

● 纵缝探伤采用与 R 相同的对比试块(两者之差应小于 10%),环缝探伤其对比试块曲率半径可为 $(0.9\sim1.5)R$。

● 探头楔块应修磨得与 R 一致。

● 根据曲面工件 R 和厚度选择探头角度,并考虑几何临界角的限制,确保声束能扫查到整个焊缝厚度。

● 定位修正:由于工件曲率的影响,缺陷位置要由埋藏深度和水平距离弧长来决定,若不修正将会使定位产生很大误差。

(3) 其他结构焊接接头的探伤

1) T 型接头的探伤

① 腹板厚度不同时,选用的探头角度见表 2-4。斜探头在腹板一侧作直射法和一次反射法探伤(见图 2-24 位置 2)。

② 采用直探头(见图 2-24 位置 1)或斜探头(见图 2-25 位置 3)在翼板外侧探伤,或采用折射角 $\gamma = 45°$(或 $K1$)斜探头在翼板内侧(见图 2-24 位置 3)作一次反射法探伤,可探测腹板和翼板间未焊透和翼板侧焊缝下层状撕裂等缺陷。

表 2-4　探头角度选用

腹板厚度/mm	折射角(γ)/(°)
<25	70°($K2.5$)
25～50	60°($K2.5,K2.0$)
>50	45°($K1.0,K1.5$)

③ 通常采用 $\gamma=45°(K1)$探头在腹板一侧作直射法和一次反射法探测焊缝及腹板侧热影响区的裂纹(见图 2-25 位置 1、2)。

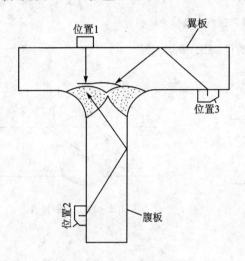

图 2-24　T型接头的探伤(Ⅰ)　　图 2-25　T型接头的探伤(Ⅱ)

④ 直探头、斜探头的频率通常选用 2.5 MHz。

2)角接接头的探伤

角接接头探伤面及折射角一般按图 2-26 和表 2-4 选择。

3)管座角焊缝的探伤

① 根据焊缝结构形式,管座角焊缝的检验有以下五种探伤方式,可选择其中一种或几种组合实施探伤。

● 在接管内壁表面采用直探头探伤(见图 2-27 位置 1)。

● 在容器内表面用直探头探伤(见图 2-28 位置 1)。

● 在接管外表面采用斜探头探伤(见图 2-28 位置 2)。

● 在接管内表面采用斜探头探伤(见图 2-27 位置 3,图 2-28 位置 3)。

● 在容器外表面采用斜探头探伤(见图 2-27 位置 2)

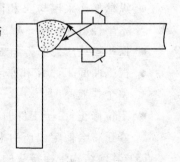

图 2-26　角接接头的探伤

② 管座角焊缝以直探头检验为主,对直探头扫查不到的区域或结构,以及缺陷方向性不宜用直探头检验时,可采用斜探头检验。

4)直探头探伤规程

① 推荐采用频率 2.5 MHz 的直探头或双晶直探头,探头与工件接触面的尺寸应小于 $2\sqrt{R}$。

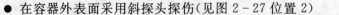

② 灵敏度可在与工件同曲率的试块上调节(见表2-5)。

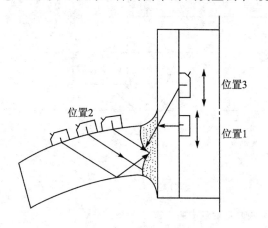

图2-27 管座角焊缝的探伤(Ⅰ)

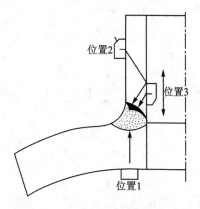

图2-28 管座角焊缝的探伤(Ⅱ)

表2-5 直探头检验等级评定

检验等级 灵敏度	A	B	C
评定灵敏度	$\phi3$	$\phi2$	$\phi2$
定量灵敏度	$\phi4$	$\phi3$	$\phi3$
判废灵敏度	$\phi6$	$\phi6$	$\phi4$

4. 缺陷测定

(1) 缺陷位置的确定

测定缺陷在工件或焊接接头中的位置称之为定位。一般可根据示波屏上缺陷波的水平刻度值与扫描速度来对缺陷进行定位。

1)垂直入射法时缺陷的定位

缺陷的 x、y 坐标由探头在探伤面上的 X 轴和 Y 轴的投影位置很容易确定(见图2-29),这里主要需测定沿工件 Z 轴(深度方向)的坐标。

利用已知尺寸的试块或工件上的两次不同底面反射波的前沿,分别对准示波屏上相应的水平刻度值,按 $1:n$ 来调节探伤仪纵波扫描速度,则有

$$Z_f = n\tau_f$$

式中:Z_f——缺陷深度(mm);

$\quad$ n——调节比例系数;

$\quad$ τ_f——缺陷波前沿所对应的水平刻度值。

例:仪器按 $1:2$ 调节纵波扫描速度,探伤中示波屏上水平刻度75处出现一缺陷波。求缺陷至探头的距离 Z_f。

解: $Z_f = n\tau_f = 2 \times 75 (mm) = 150 (mm)$

2)斜角探伤时缺陷的定位

探伤仪横波扫描速度有声程、水平、深度三种调节方法。

焊缝探伤时推荐:厚板($\delta \geqslant 32$ mm)焊缝探伤应采用深度调节法;中薄板($\delta \leqslant 24$ mm)焊缝

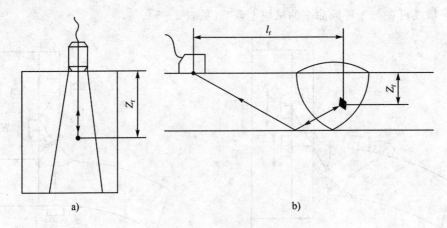

图 2-29 缺陷定位示意图

探伤应采用水平调节法。

> **深度 1:1 调节法定位**

① 利用 CSK-IB 标准试块,先计算 $R50$、$R100$ 圆弧反射波 B_1、B_2 对应的深度 Z_1、Z_2:

$$Z_1 = \frac{50}{\sqrt{1+K^2}}$$

$$Z_1 = \frac{100}{\sqrt{1+K^2}} = 2Z_1$$

式中:K—斜探头 K 值(实测值)。

② 探头入射点对准圆心。

③ 调节探伤仪使 B_1、B_2 前沿分别对准示波屏上相应的水平刻度值。注意,当 $Z_1 = 2Z_2$ 时,深度为 1:1 即调好,则有

$$l_f = kn\tau_f$$

$$Z_f = n\tau_f$$

式中:l_f——一次波探伤时,缺陷在工件中的水平距离;

$\quad Z_f$——一次波探伤时,缺陷在工件中的深度。

$$l'_f = kn\tau_f$$

$$Z_f = 2\delta - \tau_f$$

式中:l'_f——二次波探伤时,缺陷在工件中的水平距离;

$\quad Z'_f$——二次波探伤时,缺陷在工件中的深度。

例: 用 $K1.5$ 横波斜探头探伤厚度 $\delta = 30$ mm 的钢板焊缝,仪器按深度 1:1 调节横波扫描速度,探伤中水平刻度 $\tau_f = 40$ 处出现缺陷波,求此缺陷的位置。

解: 由于 $\delta < \tau_f < 2\delta$,可知缺陷是二次波发现的,则

$$l'_f = kn\tau_f = 1.5 \times 1 \times 40 (\text{mm}) = 60 (\text{mm})$$

$$Z'_f = 2\delta - \tau_f = (2 \times 30 - 1 \times 40)(\text{mm}) = 20 (\text{mm})$$

> **水平 1:1 调节法定位**

① 利用 CSK-IB 标准试块,先计算 $R50$、$R100$ 圆弧反射波 B_1、B_2 对应的水平距离 l_1、l_2:

$$l_1 = \frac{50K}{\sqrt{1+K^2}}$$

$$l_2 = \frac{100K}{\sqrt{1+K^2}} = 2l_1$$

② 探头入射点对准圆心。

③ 调节探伤仪使 B_1、B_2 前沿分别对准示波屏上相应的水平刻度值。注意,当 $l_1 = 2l_2$ 时,水平距离为 1∶1 即调好,则有

$$l_f = n\tau_f; \quad Z_f = \frac{n\tau_f}{K}$$

$$l'_f = n\tau_f; \quad Z'_f = 2\delta - \frac{n\tau_f}{K}$$

例:用 $K2$ 横波斜探头探伤厚度 $\delta = 15$ mm 的钢板焊缝,仪器按水平 1∶1 调节横波扫描速度,探伤中在水平刻度 $\tau_f = 45$ 处出现一缺陷波,求此缺陷位置。

解:由于 $K\delta = 2 \times 15 = 30, 2K = 60, K\delta < \tau_f < 2K\delta$,可以判定此缺陷是二次波发现的,故:

$$l'_f = n\tau_f = 1 \times 45 (= 45) \,(\text{mm})$$

$$Z'_f = 2\delta - \frac{n\tau_f}{K} = \left(1 \times 15 - \frac{1 \times 45}{2}\right)(\text{mm}) = 7.5\,(\text{mm})$$

(2) 缺陷大小的测定

缺陷定量:测定工件或焊接接头中缺陷的大小和数量。

缺陷的大小,则包括缺陷的面积和长度。

常用的定量方法有两种:当量法和探头移动法(又称扫描法或测长法)。

值得注意的是,由于焊缝中自然缺陷的形态、位置、方向和性质等都不一样,要测定缺陷的实际尺寸,对超声波探伤来说是比较困难的,因此,用上述两种定量法测得结果均有一定的出入。

1) 当量法

当缺陷尺寸小于声束截面时,一般采用当量法来确定缺陷的大小。

应注意:将已知形状和尺寸的人工缺陷(平底孔或横孔)回波与探测到的缺陷回波相比较,若二者的声程、回波相等,则这个已知的人工缺陷尺寸(平底孔或横孔直径)就是被探测到的缺陷的所谓缺陷当量。"当量"概念仅表示缺陷与该尺寸人工反射体对声波的反射能量相等,并不涉及缺陷尺寸与人工反射体尺寸相等的含义。

当量法主要有当量曲线法、当量计算法等。

当量曲线法即 DGS 法,是为现场探伤使用而预先制定的波幅-距离曲线。目前国内外焊缝探伤标准大都规定采用具有同一孔径、不同距离的横孔试块制作波幅-距离曲线(DAC 曲线);依据 GB 11345—89 规定:板厚 8 mm $< \delta \leqslant 100$ mm 时采用横通孔,用 RB - 2 对比试块和深度调节定位法。下面介绍波幅(dB)-距离曲线的制作步骤和应用。

① 首先应进行探头入射点和折射角的测定,对时基轴进行调节,然后在试块上探测孔深为 $A_1 = 10$ mm 的 $\phi 3$ 横通孔,使回波达到最高,再将其调到基准波高(一般为满刻度的 40%),并记下此时的 dB(分贝)读数 V_1(假定为 40dB)。在等格坐标纸上作出点(1)(V_1, A_1)。

② 在试块上探测孔深为 $A_2 = 20$ mm 的 $\phi 3$ 横通孔,使回波达到最高,由于声程增加,回波将有所下降,即低于基准波高。这时只动仪器的衰减器(－dB),将回波调至基准高度,记下这时的 dB 读数 V_2,作出点(2)(V_2, A_2)。

③ 按上述方法依次探测孔深为 $A = 30$ mm、40 mm、… 的 $\phi 3$ 横通孔,记下相应的 dB 读数

V_3、V_4、…在坐标纸上依次作出点(3)(V_3,A_3)、点(4)(V_4,A_4)、…

④ 将上述各点连接起来,就得到 $\phi3$ 横通孔的 dB-距离曲线,如图 2-30 所示。实际上,它就是对所用探头,对 $\phi3$ 横通孔,用于焊缝探伤的实用 DAC(AVG)曲线。

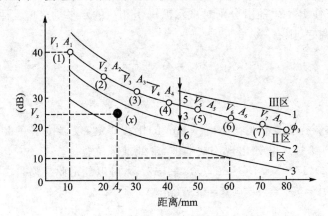

1—判废线;2—定量线;3—评定线

图 2-30　dB-距离曲线

⑤ 按照 GB 11345—89 规定的灵敏度要求,在坐标纸上再作出判废线 1、定量 2 和评定线 3。

⑥ 调节探伤灵敏度。根据标准 GB 11345—89 规定,dB 不得低于定量线。若探测焊缝板厚 $\delta=30$ mm,查得二倍板厚($2\delta=30$ mm)时定量线的 dB 为 12,则把仪器调到 12 dB 即可进行探伤。若考虑到表面光洁度和材质补偿,则探伤灵敏度还应提高一个补偿 dB 数。例如表面、构质补偿为 4 dB,则灵敏度应再提高 4 dB。为方便起见,在制作判废线、评定线和定量线时,将三条线同时向下移 4 dB。

⑦ 若探伤中在深度 $A_y=24$ mm 处有一缺陷回波,应将其先调到最高,再调到基准高度;此时 dB 读数为 $V_x=25$ dB,过 $A_y=24$ mm 和纵坐标 $V_x=25$ dB 分别作相应的坐标的曲线,交于图 2-30 中的(x)点。据此,可求得该缺陷的区域和当量。

2)探头移动法

对于尺寸或面积大于声束直径或断面的缺陷,一般采用探头移动法来测定其指示长度或范围,这就是所谓"测长"问题。

GB 11345—89 规定,缺陷指示长度 Δl 的测定推荐采用以下两种方法:

① 当缺陷反射波只有一个高点时,用降低 6 dB 相对灵敏度法测长(见图 2-31)。

② 在测长扫查过程中,如发现缺陷反射波峰值起伏变化,有多个高点,则以缺陷两端反射波极大值之间探头的移动长度确定为缺陷指示长度,这种方法即为端点峰值测长法(见图 2-32)。

断裂力学认为,缺陷在材料厚度方向上的尺寸(即缺陷高度)达到临界尺寸时,将导致材料断裂,所以缺陷高的测定比缺陷当量及指示长度更有实用意义。目前,缺陷高度较为有效的测定方法是棱边再生法(见图 2-33)。

棱边再生波是由于缺陷高度方向上的两个端部一般尺寸较小(例如,焊缝中的裂纹),在入射声波的激发下会形成一个新的声源向外辐射球面波,该波能量较低,在常规的探伤灵敏度下超声探头难以接收到这一微弱信号。但当探伤灵敏度提高到一定程度时,在探头前后移动过程中,即会在缺陷反射回波 F 的前后显示一个小信号 f',即是棱边再生波信号。在测定棱边再生波时,一般采用 K1 探头,前后移动测得反射回波最大幅度并将测得数据换算成声程后进行计算,获得缺陷高度尺寸。

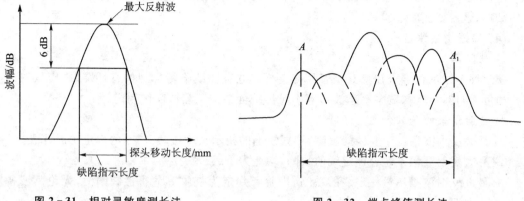

图 2 - 31　相对灵敏度测长法　　　　　图 2 - 32　端点峰值测长法

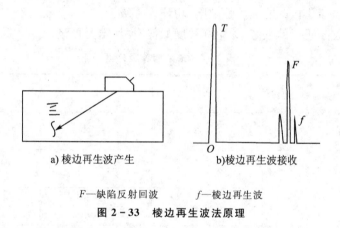

a) 棱边再生波产生　　　　　b)棱边再生波接收

F—缺陷反射回波　　　　　f—棱边再生波

图 2 - 33　棱边再生波法原理

(3) 缺陷性质的估判和假信号的识别

下面简单介绍焊缝中常见缺陷的波形特征。

① 气孔:单个点状气孔回波高度低,波形为单峰,较稳定,从各个方向探测,反射的高大致相同,但稍微移动探头就消失;密集气孔会出现一簇反射波,其波高随气孔大小不同而不同,当探头作定点转动时,会出现此起彼落现象。

② 夹渣:点状夹渣回波信号与点状气孔相似;条状夹渣回波信号多呈锯齿状,由于其反射率低,波幅不高且形状多呈树枝状。主峰边上有小峰,平移探头时,波幅有变动,从各个方向探测时,反射波幅不相同。

③ 未焊透:由于反射率高(在厚板焊缝中该缺陷表面类似镜面),波幅均较高。探头平移时,波形较稳定。在焊缝两侧探伤时,均能得到大致相同的反射波幅。

④ 未熔合:当声波垂直入射该缺陷表面时,回波高度大。探头平移时,波形稳定。两侧探伤时,反射波幅不同,有时只能从一侧探到。

⑤ 裂纹:该缺陷回波高度较大,波幅宽,会出现多峰。探头平移时,反射波连续出现,波幅有变动;探头转动时,波峰有上、下错动现象。

假信号是指在焊缝探伤时,示波屏上常会出现一些非缺陷引起的反射信号。如探头杂波、仪器杂波、反射、耦合反射、焊角反射、咬边反射、沟槽反射、焊缝错位和上下宽度不一等情况均可能引起假信号。

假信号产生的原因主要是由于焊缝成形结构和仪器灵敏度过高。识别的关键是要熟悉焊缝的结构,这需要实际经验和操作技能。

(4) 焊缝质量评定

1) 缺陷评定

超过评定线的信号应注意其是否具有裂纹等危害性缺陷特征。如有怀疑时,应采取改变探头角度、增加探测面、观察动态波形等手段再结合结构工艺特征作判定。

2) 检验结果的等级分类

① 最大反射波幅位于Ⅱ区的缺陷,根据缺陷的指示长度按表 2-6 的规定予以评级。

② 最大反射波幅不超过评定线的缺陷,均评为Ⅰ级。

③ 最大反射波幅超过评定线的缺陷,检验者判定为裂纹等危害性缺陷时,无论其波幅和尺寸如何,均评为Ⅳ级。

④ 反射波幅位于Ⅰ区的非裂纹性缺陷,均评为Ⅰ级。

⑤ 反射波幅位于Ⅲ区的缺陷,无论其长度如何,均评定为Ⅳ级。

表 2-6 缺陷的等级分类

评定等级	检验等级 板厚/mm	A 8~50	B 8~300	C 8~300
Ⅰ		$\frac{2}{3}\delta$;最小 12	$\frac{\delta}{3}$;最小 10, 最大 30	$\frac{\delta}{3}$;最小 10, 最大 20
Ⅱ		$\frac{3}{4}\delta$;最小 12	$\frac{2}{3}\delta$;最小 12, 最大 50	$\frac{\delta}{2}$;最小 10, 最大 30
Ⅲ		$<\delta$;最小 20	$\frac{3}{4}\delta$;最小 16, 最大 75	$\frac{2}{3}\delta$;最小 12, 最大 50
Ⅳ		超过Ⅲ级者		

注:① δ 为坡口加工侧母材板厚,母材板厚不同时,以较薄侧板厚为准;

② 管座角焊缝 δ 为焊缝截面中心线高度。

任务二 焊缝超声波探伤实训

2.2.1 任务目的

① 熟悉超声波探伤的方法和步骤。

② 熟悉超声波探伤焊缝质量等级的评定。

2.2.2 任务内容

① 超声波探伤设备的操作方法,仪器、探头、试块、耦合剂的选用。

② 超声波探伤焊缝质量等级的评定。

③ 编制探伤报告。

④ 超声波探伤操作技能训练指导(以执行 GB/T 11345—1989 标准,选用 A 型脉冲反射式 CTS-22 型超声波探伤仪和探头为例介绍)。

2.2.3 任务实施

1. 训练所需场地、设备

① 下料设备及其相应的场地;试板坡口加工设备及其场地;焊材保管场地及烘干设备;焊接设备及场地。

② 具有缺陷的焊接试板。

③ 超声波探伤仪、标准试块、对比试块、斜探头、金属直尺、耦合剂及其他超声波探伤工具、材料。

2. 超声波探伤的一般程序

超声波探伤的一般程序为:工件准备→表面检查、委托检验→接受委托指定检验人员→了解焊接情况→选定探伤方法、仪器、探头、试块→调节仪器→制作距离-波幅校正曲线→记录与标记→调整探伤灵敏度→检查工件→涂抹耦合剂→修正操作→粗探伤→标示缺陷位置→精探伤→评定缺陷→检验→验收→记录→报告→审核存档。如果验收时不合格要重新进行返修、复探。

3. 试板制备

试板为两块甲 Q235A 钢板,厚 20 mm、长 500 mm、宽 200 mm。开 V 形带钝边坡口,如图 2-34 所示,焊接方法采用自动埋弧焊,焊接材料为 F4A2-H08A。

4. 仪器的选用

采用 A 型脉冲反射式 CTS-22 型超声波探伤仪,探头采用 $K=2.0$ 的斜探头。利用 CSB-IB 标准试块,测定探头的前沿及 K 值。

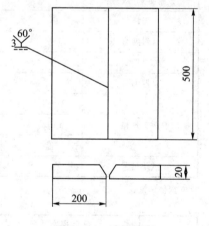

图 2-34 试板简图

5. 检测操作

调节探伤仪采用水平 1:1 调节法调节横波扫描速度;调节探伤灵敏度;绘制距离-波幅曲线,分别作出判废线、定量线和评定线。

① 仪器和探头的组合灵敏度。达到所检工件最大声程时其灵敏度余量≥10 dB。

② 衰减器精度。任意相邻 12 dB 误差在±1 dB 以内,最大累计误差不超过 1 dB。

③ 水平线性。水平线性误差不大于 1%。

④ 垂直线性。在满刻度的 80% 范围内呈线性显示,垂直线性误差不大于 5%。

⑤ 探头。斜探头声束轴线水平偏离角不应大于 2°,主声束垂直方向不应有明显双峰。斜探头的远场分辨率应大于或等于 6 dB。

⑥ 清除焊缝两侧的飞溅、铁屑、油污及其他杂质,表面应平整光滑。涂机油作耦合剂。

⑦ 对焊缝采用单面双侧探伤,用锯齿形扫查粗探伤。用四种基本扫查方式(转角扫查、环

绕扫查、前后扫查、左右扫查)进行精探伤。探头的扫查速度不应超过 150 m/s。

⑧ 发现缺陷后采用水平 1:1 调节定位法进行定位;采用相对灵敏度测长法或端点峰值测长法对缺陷长度进行测定;观察波形状态、大小和位置,采取综合性分析方法,判断缺陷性质。

⑨ 检验结果的等级分类。本训练中检验等级定为 B 级,要求评定等级达到 Ⅱ 级。根据波幅-距离曲线,按前述方法进行评定。

⑩ 做好记录,并设计出表格对所记录的数据进行整理。

2.2.4 任务实施报告及质量评定

① 焊缝质量等级要求不低于 Ⅱ 级。对于不合格的焊缝,要求填写返修通知单,并能够对照返修通知单找出缺陷位置进行返修。返修部位及补焊受影响的区域,应按原探伤条件进行复探并进行评定。

② 填写超声波探伤报告表(见表 2-7)。编写一份探伤报告。

表 2-7 超声波探伤报告样式

委托单位:×××　　　　　××年××月××日　　　　　报告编号:××××

产品(设备)名称			验收灵敏度	
焊件名称			耦合剂	
制造(设备)编号			表面状态	
焊件编号			耦合补偿	
设备类别(级)别			探伤部位	
规格			检验等级	
材料牌号			扫描调节	
坡口形式			执行标准	
仪器型号			探伤比例	
探头规格	频率		合格级别	
	a 值			
	K 值			
试块型号				

探伤结论:

焊缝编号	焊缝长度/mm	实际探伤情况				返修情况				返修次数					扩探情况	
		探伤长度/mm	占该焊缝的比例(%)	缺陷情况		返修部位	波高所在区	埋藏深度/mm	指示长度	R1	R2	R3	R4	R5	扩探长度/mm	比例(%)
				指示长度	高度											
各注																

报告人:　　　　　审核:　　　　　责任师:　　　　　监检员:

学习情境三

磁粉探伤

任务一　基本知识储备

3.1.1　基本原理

铁磁性材料和工件被磁化后,由于不连续性的存在,使工件表面和近表面的磁力线发生局部畸变而产生漏磁场,吸附施加在工件表面的磁粉,形成在合适光照下目视可见的磁痕,从而显示出不连续性的位置、形状和大小,如图3-1所示。

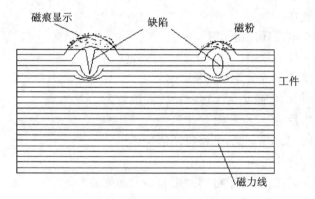

图 3-1　不连续性处的漏磁场和磁痕分布

1. 适用性

磁粉探伤适用于检测铁磁性材料表面和近表面尺寸很小、间隙极窄(如可检测出长0.1 mm、宽为微米级的裂纹),目视难以看出的不连续性缺陷。

磁粉检测可对原材料、半成品、成品工件和在役的零部件进行检测探伤,还可对板材、型材、管材、棒材、焊接件、铸钢件及锻钢件进行检测。

在焊接生产过程中,磁粉探伤主要用于破口表面、焊缝表面、补焊部位等的检验。

磁粉探伤可发现裂纹、夹杂、发纹、白点、折叠、冷隔和疏松等缺陷。

2. 局限性

磁粉探伤不能检测奥氏体不锈钢材料和用奥氏体不锈钢焊条焊接的焊缝,也不能检测铜、铝、镁、钛等非磁性材料。对于表面浅的划伤、埋藏较深的孔洞和与工件表面夹角小于20°的分层和折叠难以发现。

按磁化电流种类不同磁化方法可分为直流电磁化法和交流电磁化法;按通电的方式不同,磁化方法可分为直接通电磁化法和间接通电磁化法;按工件磁化的方向不同,磁化方法又分为周向磁化法、纵向磁化法和复合磁化法。

3.1.2 磁粉探伤的基本组成

磁力探伤系统由磁化电流、磁粉探伤设备与器材所组成。

1. 磁化电流

磁粉探伤采用的磁化电流类型有交流电、整流电(包括单相半波整流电、单相全波整流电、三相半波整流电、三相全波整流电)、直流电和脉冲电流等。其中最常用的磁化电流是交流电、单相半波整流电、三相全波整流电三种。

(1) 交流电

① 交流电的优点:

- 对表面缺陷检测灵敏度高;
- 容易退磁;
- 能够实现感应电流磁化;
- 能够实现多向磁化;
- 变截面工件磁场分布较均匀;
- 有利于磁粉迁移;
- 用于评价直流电发现的磁痕显示;
- 适用于在役工件的检验;
- 适用于 $\Phi \leqslant 12$ mm 弹簧钢丝的检验;
- 交流电磁化时,两次磁化的工序间不需要退磁。

② 交流电的局限性:

- 剩磁法检验时,受交流电断电相位的影响;
- 探测缺陷的深度小。

③ 交流断电相位的控制:为了得到稳定和最大的剩磁。

(2) 整流电

1) 单相半波整流电(主要和干粉法配合使用)

磁粉探伤中最常用的磁化电流之一,其优点:

- 兼有直流的渗透性和交流的脉动性;
- 剩磁稳定;
- 有利于近表面缺陷的检测;
- 能提供较高的灵敏度和对比度;
- 设备结构简单、轻便,有利于现场检验。

局限性:

- 退磁较困难;
- 检测缺陷深度不如直流电大;
- 要求较大的输入功率。

2) 三相全波整流电

磁粉探伤中最常用的磁化电流之一,其优点:

- 具有很大的渗透性和很小的脉动性;
- 剩磁稳定;

- 适用于近表面缺陷的检测；
- 需要设备的输入功率小。

局限性：
- 退磁困难；
- 退磁场大；
- 变截面工件磁化不均匀；
- 不适用于干法检验；
- 在周向和纵向磁化工序间需要退磁。

（3）直流电

直流电流最早得到使用，现在使用较少，其优缺点：
- 具有很大的渗透性和很小的脉动性；
- 剩磁稳定；
- 适用于近表面缺陷的检测；
- 需要设备的输入功率小。

局限性：
- 退磁困难；
- 退磁场大；
- 不适用于干法检验；
- 在周向和纵向磁化工序间需要退磁。

（4）脉冲电流

脉冲电流由电容器充放电而获得，只能用于剩磁法，且仅适用于需要电流值特别大而常规设备又不能满足、根据工件要求制作专用设备时。

选择磁化电流的规则：
- 用交流电磁化，对表面微小缺陷检测灵敏度高；
- 由于趋肤效应，对工件表层的磁化能力，交流电比直流电弱；
- 交流电用于剩磁法时，应加装断电相位控制器；
- 交流电磁化连续法检验主要与电流有效值有关，而剩磁法检验主要与峰值电流有关；
- 整流电或直流电，能检测工件近表面较深的缺陷；
- 整流电流中包含的交流分量越大，检测近表面较深缺陷的能力越小；
- 整流电和直流电用于剩磁法检验时，剩磁稳定；
- 冲击电流只能用于剩磁法和专用设备；
- 直流电能检测到的缺陷深度最大。

2. 磁粉探伤设备

（1）磁粉探伤设备的分类及应用

为了满足各种工件的磁粉探伤要求，发展了种类繁多的磁粉探伤设备。

按设备重量和可移动性分为：固定式、移动式、便携式；按设备的组合方式可分为：一体型和分类型（将磁化电源、磁化线圈、工件夹持装置、磁悬液喷洒装置、观察照明装置和退磁装置等部位分开的设备）。

1) 便携式磁粉探伤机

便携式磁粉探伤机具有体积小、重量轻和携带方便等特点,特别适合于野外和高空等现场的磁粉探伤及锅炉、压力容器的内、外探伤,是特种设备检测的最常用仪器,如图 3-2 所示。

图 3-2　便携式磁粉探伤机

➤ **磁轭式磁粉探伤机**

分为永久磁轭和电磁轭两种。

① 永久磁轭磁粉探伤机:该探伤机采用软磁材料制作的Ⅱ型结构。在磁轭本体的中间镶嵌永久磁铁,并用磁路控制开关,因而该类型探伤机不需要电源,更适合远离电源的场所。

② 电磁轭磁粉探伤机:该探伤机在用硅钢片制作的铁芯上绕制励磁线圈,当线圈中有电流(交流或直流)通过时,在铁芯内产生纵向磁场,从而对工件进行磁化。

➤ **磁锥式磁粉探伤机**

可在工件上任意选择磁化方向,从而检验各个方向的缺陷,但一次磁化只能检验一个方向的缺陷。

2) 移动式磁粉探伤机

在大量的应用中,常会出现被检工件不能搬运送检的情况,为此,一种可移动并能提供较大磁化电流的检测装置——移动式磁粉探伤机应运而生。这种设备可借助小车等运输工具在工作场地自由移动,体积、重量都远小于固定式设备,有良好的机动性和适应性,如图 3-3 所示。

特点:额定周向磁化电流一般为 3 k～6 kA,主体为磁化电源,可提供交流和单相半波整流电的磁化电流。

适用:借助运输工具运至现场可对大型工件探伤。

3) 固定式磁粉探伤机

固定式,也称为卧式,这类设备一般在探伤室、实验室使用,其整机尺寸和重量都比较大,如图 3-4 所示。

图 3-3　移动式磁粉探伤机

特点:体积和重量大,额定周向磁化电流一般为 1 000～10 000 A。可进行通电法,中心导体法,线圈法,磁轭法整体磁化或复合磁化等磁化方法。

CEW—15000A
交直流磁粉探伤机

CEW—10000A

图3-4 固定式磁粉探伤机

适用：对中小型工件进行检测；利用备有的触头和电缆也可对难以搬上工作台的大型工件进行探伤。

局限性：检测的最大截面受磁化电流和夹头中心高限制，检测长度受最大夹头间距限制。

设备的命名方法：

根据国家专业标准 ZBN 70001 的规定，磁粉探伤机应按以下方式命名，如表3-1所列。

$$C \; X \; X \; \text{——} \; X$$
$$\downarrow \; \downarrow \; \downarrow \qquad \downarrow$$
$$1 \; 2 \; 3 \qquad 4$$

第1部分——C，代表磁粉探伤机；

第2部分——字母，代表磁粉探伤机的磁化方式；

第3部分——字母，代表磁粉探伤机的结构形式；

第4部分——数字或字母，代表磁粉探伤机的最大磁化电流或探头形式。

如 CJW-4000 型，为交流固定式磁粉探伤机，最大周向磁化电流为 4 000 A；CZQ-6000 型，为超低频退磁直流磁粉探伤机，最大周向磁化电流为 6 000 A。

表3-1 磁粉探伤机各部分命名的含义

第1部分	第2部分	第3部分	第4部分	代表含义
C				磁粉探伤机
	J			交流
	D			多功能
	E			交直流
	Z			直流
	X			旋转磁场
	B			半波脉冲直流

续表 3 - 1

第1部分	第2部分	第3部分	第4部分	代表含义
	Q			全波脉冲直流
		X		携带式
		D		移动式
		W		固定式
		E		磁轭式
		G		荧光磁粉探伤
		Q		超低频退磁
			如1 000	周向磁化电流1 000 A

(2) 磁粉探伤设备的组成及作用

以固定式磁粉探伤机为例。磁粉探伤机一般包括以下几个部分：磁化电源、磁化线圈、工件夹持装置、指示装置、喷洒装置、照明装置、退磁装置,剩磁法时交流探伤机应配备断电相位控制器。

① 磁化电源:是探伤机的核心,其作用是提供磁化电流(包括交流电和直流电),使工件磁化。

调压器将不同的电压输送给主变压器,主变压器进行降压提供一个低压、大电流。输出的交流电或整流电可直接通过工件,通过穿过工件内孔的中心导体或者通入线圈,对工件进行磁化。

调压器通常采用两种结构:自耦变压器和晶闸管调压。

② 工件夹持装置:磁化夹头和触头夹紧工件,使其通过电流的电极或通过磁场的磁极装置。夹头上应包上铅垫或铜编制网。

③ 指示装置:电流表、电压表。电流表至少半年校验一次。当设备进行重要电气修理、周期大修或损坏时,应进行校验。

④ 喷洒装置:由磁悬液槽、电动泵、软管和喷嘴组成。

⑤ 照明装置:非荧光磁粉检测时,需在波长范围为 $400\sim760$ nm 的可见光下观察磁痕。可见光是目视可见的光,即七种颜色的光。

⑥ 退磁装置:不妨碍工件的后续使用要求。

⑦ 螺管线圈:应配备能进行纵向磁化的螺管线圈。

3. 磁粉探伤的器材

(1) 磁　粉

磁粉是显示缺陷的重要手段。磁粉质量的优劣与选择直接影响磁粉检测的结果。

1) 磁粉的种类

按磁粉是否有荧光性,分为荧光磁粉和非荧光磁粉;按磁粉的使用方法,可分为干粉法和湿粉法。

湿粉法:将磁粉悬浮在载液中进行磁粉探伤的方法。

干法:以空气为载体用干磁粉进行磁粉探伤的方法。

➢ 非荧光磁粉

在白光下能观察到磁痕的磁粉称为非荧光磁粉。其通常为铁的氧化物,可分为黑磁粉、红磁粉、白磁粉三种。

黑磁粉是一种黑色的 Fe_3O_4 粉末。黑磁粉在浅色工件表面上能形成清晰的磁痕,因此在磁粉探伤中的应用最广。

红磁粉是一种红色的 Fe_2O_3 晶体粉末,具有较高的磁导率。

白磁粉是由黑磁粉与铝或氧化镁合成的一种表面呈银白色或白色的粉末。白磁粉适用于黑色表面工件的磁粉探伤,具有反差大、显示效果好的特点。

➢ 荧光磁粉

荧光磁粉以磁性氧化铁粉、工业纯铁粉或羰基铁粉等为核心,外面包覆一层荧光染料所制成,可明显提高磁痕的可见度和对比度。这种磁粉在暗室中用紫外线照射能产生较亮的荧光,所以适合于检验各种工件的表面探伤,尤其适合深色表面的工件,并具有较高的灵敏度。

2）磁粉的特性

➢ 磁　　性

磁粉应有较高的磁导率,以利被漏磁场磁化和吸引形成磁场磁痕。

磁粉还应有低的剩磁性质,以利磁粉的分散和移动。

➢ 尺　　寸

对于干粉法:太粗大的磁粉不易被弱的漏磁场所吸引,过细则不论有无漏磁场都会被吸附在整个工件表面。干粉法所用干磁粉粒度为 $5\sim10\ \mu m$。

对于湿粉法:磁粉悬浮在液体中,可采用比干粉法更细的磁粉,粒度一般为 $1\sim10\ \mu m$。

对于荧光磁粉,因荧光染料与磁粉相粘结,粒度一般在 $5\sim25\ \mu m$ 之间,平均为 $8\sim10\ \mu m$。

➢ 成　　分

理想的磁粉应由足够的球形粉与高比例的细长粉组成。

细长粉易于沿磁力线形成磁粉串,这对宽度比磁粉粒度大的缺陷和完全处于工件表面下的缺陷是有利的。但完全由细长磁粉组成,则会因易于严重结块、流动性不好、难以均匀分布而影响灵敏度。

➢ 密　　度

干粉检测时要求磁粉密度可大至 8,而湿粉法要求磁粉密度为 4.5。

➢ 可见度和对比度

要求选择与被检工件表面有较大对比度的颜色。湿粉法通常用黑色、红褐色非荧光磁粉及荧光磁粉;干粉法也可用上述磁粉,必要时可在被检工件表面涂以底色。

（2）磁悬液

将磁粉混合在液体介质中形成磁粉的悬浮液称为磁悬液。

磁悬液浓度对显示缺陷影响很大,浓度太低影响漏磁场对磁粉的吸附量,磁痕不清晰,使缺陷漏检。浓度太高,会在工件表面滞留很多磁粉,形成过度背景,掩饰相关磁痕。

载液:用来悬浮磁粉的液体。

根据采用的磁粉和载液的不同,可将磁悬液分为:油基磁悬液、水基磁悬液、荧光磁悬液。

表 3-2 列出了钢制压力容器焊缝磁粉探伤用的磁悬液种类、特点及技术要求。

表 3-2　磁悬液种类、特点及技术要求

种　类		特　点	对载液的要求	湿磁粉浓度 （100 mL 沉淀浓度）	质量控制试验
油基磁悬液		悬浮性好，对工件无锈蚀作用	① 在 38℃ 时最大黏度超过 $5 \times 10^{-6} \, m^2/s$； ② 最低闪点为 60℃； ③ 不起化学反应； ④ 无臭味	1.2～2.4 ml（若沉淀物显示出松散的聚集状态，应重新取样或报废）	用性能测试板定期测试其性能和灵敏度
水基磁悬液		具有良好的润湿性，流动性好，使用安全，成本低，但悬浮性较差	① 良好的润湿性； ② 良好的可分散性； ③ 无泡沫； ④ 无腐蚀； ⑤ 在 38℃ 时最大黏度超过 $5 \times 10^{-6} \, m^2/s$； ⑦ 不起化学反应； ⑦ 呈碱性，但 PH 值不超过 10.5； ⑧ 无臭味		① 同上油基磁悬液； ② 对新使用的磁悬液（或定期对使用过的磁悬液）作润湿性能试验
荧光磁悬液	荧光油磁悬液	荧光磁粉能在紫外线光下呈黄绿色，色泽鲜明，易观察	要求油的固有荧光低，其余同油基磁悬液对载液的要求	0.1～0.5 mL（若沉淀物显示出松散的聚集状态，应重新取样或报废）	① 定期对旧磁悬液和新准备的磁悬液作荧光亮度对比试验； ② 用性能测试板定期作性能和灵敏度试验
	荧光水磁悬液		要求无荧光，其余同水基磁悬液对载液的要求		① 对新使用的磁悬液（或定期对使用过的磁悬液）作润湿性能试验； ② 荧光亮度对比试验和性能灵敏度试验，如同荧光油磁悬液

1）水基悬浮液配方

甘油三油脂酸肥皂	15～20 g
磁粉	50～60 g
水	100 mL

2）油基磁悬液配方

煤油（或变压器油）	1 000 mL
磁粉（Fe_3O_4）	20～30 g

或按以下配方

煤油	400 mL
变压器油	600 mL
磁粉	10 g

3）荧光磁悬液配方

荧光磁粉　　　　　　　　　　2～3 g

煤油（或变压器油）　　　　　　1 000 mL

荧光磁粉成分：磁粉 56％；铁粉 40％；胶性漆（每千克混合物中含）0.4 kg。

（3）标准试片

1）用　途

① 用于检验磁粉探伤设备、磁粉和磁悬液的综合性能（系统灵敏度）；

② 用于检测被检工件表面的磁场方向、有效磁化范围和大致的有效磁场强度；

③ 用于考察所用的探伤工艺规程和操作方法是否妥当；

④ 当无法计算磁化规范时，可大致确定较理想的磁化规范。

2）类　型

分为 A 型、C 型、D 型和 M1 型四种。试片类型、名称、图形如表 3-3 所列。

表 3-3　试片类型、名称和图形

类　型	型号名称		缺陷槽深/μm	材料状态	图形和尺寸
A 型	A1—7/50		7±1.5	冷轧退火	
	A1—15/50		15±2		
	A1—15/100		15±2		
	A1—30/100		30±4		
C 型	C—8/50		8±1.5	同上	
	C—15/50		15±2		
D 型	D—7/50		7±1.5	同上	
	D—15/50		15±2		
M1 型	$\phi 12$	7/50	7±1	同上	
	$\phi 9$	15/50	15±2		
	$\phi 6$	30/50	30±3		

注：①型号名称中的分数，分子表示试片人工缺陷槽的深度，分母表示试片的厚度，单位为 μm。

②试片的人工缺陷均位于试片的几何图形中央部位。

（4）标准试块

标准试块包括直流试块（B 型试块）、交流试块（又叫 E 型试块）、磁场指示器（又称八角形试块）和自然缺陷标准样件。

标准试块主要用于检验磁粉探伤设备、磁粉和磁悬液的综合性能（系统灵敏度），也用于考察磁粉探伤试验条件和操作方法是否恰当，但不能确定被检工件的磁化规范，也不能用于考察被检工件表面的磁场方向和有效磁化范围。

1）直流标准试块

直流标准试块的形状和尺寸如图 3-5 所示。材料为经退火处理的 9CrWMn 钢锻件，其硬度为 90～95HRB。

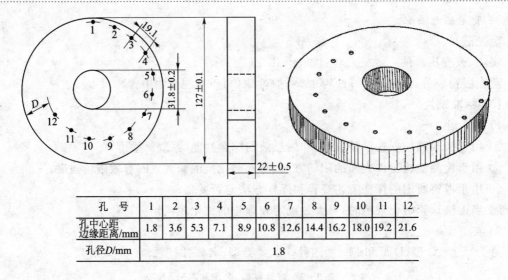

孔 号	1	2	3	4	5	6	7	8	9	10	11	12
孔中心距 边缘距离/mm	1.8	3.6	5.3	7.1	8.9	10.8	12.6	14.4	16.2	18.0	19.2	21.6
孔径D/mm	1.8											

图 3-5　直流标准试块

2）交流标准试块

交流标准试块的形状和尺寸如图 3-6 所示。材料为经退火处理的 10 号锻钢件。

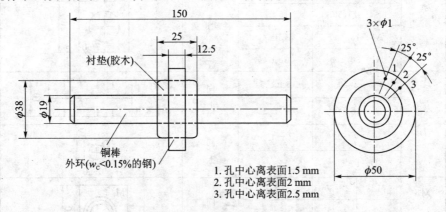

1. 孔中心离表面1.5 mm
2. 孔中心离表面2 mm
3. 孔中心离表面2.5 mm

图 3-6　交流标准试块

3）磁场指示器

磁场指示器是用电炉铜焊将 8 块低碳钢与铜片焊在一起构成的,有一个非磁性手柄,如图 3-7所示。它的用途与标准试片基本相同,但比标准试片经久耐用,操作简便,多用于干粉法检验。

4）自然缺陷标准样件

带有自然缺陷的工件,用磁粉探伤系统来检测其缺陷,以明确磁粉探伤系统是否正在按所期望的方式、所需要的灵敏度工作。

5）其他测量仪器

磁场探伤中涉及磁场强度、剩磁大小、白光照

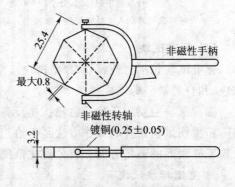

图 3-7　磁场指示器

度、黑光辐照度、通电时间等的测量,因而还应有一些其他相关测量仪器。

① 特斯拉计(高斯计):利用霍尔效应制造的霍尔元件做成的测量磁场强度的仪器。1T＝10 000 Gs。测量时要转动探头,使指示值最大,读数才正确。常用仪器有 GD－3(高斯计)和 CT－3(毫特斯计)。

② 袖珍式场强计(磁场强度计):利用力矩原理做成的简易测磁计。主要用于测退磁后的剩磁大小。常用仪器有 XCJ－A(精度 0.1 mT)、XCJ－B(精度 0.1 mT 即 Gs)和 XCJ－C(精度 0.05 mT)。注意,在非均匀磁场中,场强计的格数只反映了磁场的强弱程度,不代表具体的值。

③ 磁化电流表:磁化设备上,表征磁场强度的电流值,至少半年校验一次。

④ 弱磁场测量仪:弱磁场测量仪的基本原理基于磁通门探头,它具有均匀磁场探头和梯度探头两种探头。

弱磁场测量仪是一种高精度仪器,测量精度可达 8×10^{-4} A/m,对于磁粉检测来说,仅用于要求工件退磁后剩磁极小的场合。国产有 RC－1 型弱磁场测量仪。

⑤ 照度计:

(a) 白光照度计:测量被检工件表面的白光照度。

常用仪器有:ST－85 型,量程是 $0 \sim 1999 \times 10^2$ lx,分辨率:0.1lx。

ST－80(C)型,量程是 $0 \sim 1.999 \times 10^5$ lx,分辨率:0.1lx。

(b) 黑光辐照计:测量波长 320~400 nm,中心波长 365 nm 的黑光辐照度。常用仪器为 UV－A,量程是 $0 \sim 199.9$ mw/cm^2,分辨率:0.1 mw/cm^2。

辐照度:表面上一点的辐照度是入射在包含该点的面元上的辐射通量除以该面元面积之商,单位为瓦［特］/米^2。

⑥ 快速断电试验器:为了检测三相全波整流电磁化线圈有无快速断电效应,可采用快速断电试验器进行测试。

⑦ 磁粉吸附仪:用于检定和测试磁粉的磁吸附性能,来表征磁粉的磁特性和磁导率大小。常用的为 CXY 磁粉吸附仪。

⑧ 通电时间测量器:可用通电时间控制器(如袖珍式电秒表)来测量通电磁化时间。

3.1.3 磁粉探伤过程的控制

磁粉检测工艺过程主要包括磁粉检测的预处理、工件的磁化、施加磁粉或磁悬液、磁痕的观察与记录、缺陷评定、退磁与后处理。

1. 工序安排与预处理

(1) 工序安排

工序安排的一般原则是:

① 磁粉检测一般应在各道加工工序完成以后进行,特别是在容易发生缺陷的加工工序(如冷作变形、焊接、磨削、矫正和加载试验等)后进行,必要时也可安排在工序间进行检测。

② 由于电镀层、涂漆层、表面发蓝、喷丸等表面处理工艺会给检测缺陷带来困难,一般应在这些工序之前进行磁粉检测。如果镀层可能产生缺陷,则应在电镀工艺前后都进行检测,以便明确缺陷产生的时机与环境。

③ 对于产生延迟裂纹倾向的材料,磁粉检测应安排在焊接完成 24 h 后进行。

④ 对于装配件,如在检测后无法完全去掉磁粉而影响检测的质量时,应在装配前进行磁

粉检测。

⑤ 紧固件和锻件在最终热处理后进行。

（2）预处理

因为磁粉探伤是用于检验工件表面缺陷的，工件的表面状态对于磁粉探伤的操作和灵敏度都有很大的影响，所以磁粉探伤前，工件的预处理应做以下的工作：

① 工件表面的清理。清除工件表面的油污、铁锈、氧化皮、毛刺、焊接飞溅物等杂质。

② 打磨通电部位的非导电层和毛刺。通电部位存在非导电层（如漆层及磷化层等）及毛刺，会隔断磁化电流，还容易在通电时产生电弧烧伤工件。

③ 分解组合装配件。由于装配件的形状和结构较复杂，磁化和退磁都较困难，分解后探伤操作更容易进行。

④ 若工件有盲孔和内腔，磁悬液流进后难以清洗者，探伤前应将孔洞用非研磨性材料封堵上。注意：检验使用过的工件时，小心封堵物掩盖住疲劳裂纹。

⑤ 如果磁痕与工件表面颜色对比度小，或工件表面粗糙影响磁痕显示时，可在探伤前先给工件表面涂敷一层反差增强剂。

2. 工件磁化

工件磁化指选择适当的磁化方法及磁化规范，利用磁粉探伤设备使工件带有磁性，从而产生漏磁场进行磁粉探伤。

3. 施加磁粉

施加磁粉的方式有连续法、剩磁法、干粉法、湿粉法等。

（1）连续法

连续法即在外加磁场的同时，将磁粉或磁悬液施加到工件上进行磁粉探伤的方法。

操作要点：

① 湿粉法通电的同时施加磁悬液，至少通电2次，每次不少于0.5 s。磁悬液均匀润湿后再通电几次，磁化时间1～3 s。观察可在通电的同时或断电之后进行。

② 干粉法先通电，通电过程中施加磁粉，完成磁粉施加并观察后才切断电源。

优点：

① 适用于任何铁磁性材料。

② 具有最高的检测灵敏度。

③ 可用于多向磁化。

④ 可用于湿粉法和干粉法检验。

局限性：

① 效率低。

② 易产生非相关显示。

（2）剩磁法

停止磁化后，再将磁悬液施加到工件上进行磁粉探伤的方法。

适用范围：

① 具有相当的剩磁，一般为如经过热处理的高碳钢和合金结构钢。低碳钢、处于退火状态或热变形后的钢材都不能采用剩磁法。

② 因工件几何形状限制连续法难以检验的部位。

操作要点：

① 磁化结束后施加磁悬液。

② 磁化时间一般控制在 0.25～1 s。

③ 浇磁悬液 2～3 遍，或浸入磁悬液中 3～20 s，保证充分润湿。

④ 交流磁化时，必须配备断电相位控制器。

优点：

① 效率高。

② 具有足够的检测灵敏度。

③ 杂乱显示少，判断磁痕方便。

④ 目视可达性好。

局限性：

① 剩磁低的材料不能用。

② 不能用于多向磁化。

③ 交流剩磁法磁化应配备断电相位控制器。

④ 不适用于干粉法检验。

(3) 干粉法

以空气为载体用干磁粉进行磁粉探伤的方法。

适用范围：

① 表面粗糙的工件；

② 灵敏度要求不高的工件。

操作要点：

① 工件表面和磁粉均完全干燥。

② 工件磁化后施加磁粉，在观察和分析磁痕后再撤磁场。

③ 磁痕的观察、磁粉的施加、多余磁粉的除去同时进行。

④ 干磁粉要薄且均匀覆盖工件表面。

⑤ 不适于剩磁法。

优点：

① 检验大裂纹灵敏度高。

② 用干粉法＋单相半波整流电，检验工件近表面缺陷灵敏度高。

③ 适用于现场检验。

局限性：

① 检验微小缺陷的灵敏度不如湿法。

② 磁粉不易回收。

③ 不适用于剩磁法检验。

(4) 湿粉法

将磁粉悬浮在载液中进行磁粉探伤的方法。

适用范围：

① 连续法和剩磁法；

② 灵敏度要求较高的工件,如特种设备的焊缝;

③ 表面微小缺陷的检测。

操作要点:

① 磁化前,确认整个检测表面被磁悬液润湿。

② 施加磁悬液方式有浇淋法和浸渍法。

③ 检测面上的磁悬液的流速不能过快。

④ 水悬液时,应进行水断试验。

优点:

① 用湿粉法＋交流电,检验工件表面微小缺陷灵敏度高。

② 可用于剩磁法检验和连续法检验。

③ 与固定式设备配合使用,操作方便,检测效率高,磁悬液可回收。适合于大批量的工件。

局限性:

检验大裂纹和近表面缺陷的灵敏度不如干粉法。

4. 检 验

对磁痕进行观察和分析。非荧光磁粉在明亮的光线下观察,荧光磁粉在紫外线灯照射下观察。

（1）缺陷的磁痕

① 裂纹:裂纹的磁痕轮廓分明,对于脆性开裂多表现为粗而平直,对于塑性开裂多呈现为一条曲折的线条。

② 发纹:磁痕呈直线或曲线状短线条。

③ 条状夹杂物:分布没有一定的规律。磁痕不分明,具有一定的宽度,磁粉堆积比较低而平坦。

④ 气孔和点状夹杂物:分布没有一定的规律。磁痕的形状和缺陷的形状有关,具有磁粉堆积比较低且平坦的特征。

（2）非缺陷的磁痕

工件由于局部磁化、截面尺寸突变、磁化电流过大以及表面机械划伤等造成磁粉的局部聚集而造成误判。

5. 退 磁

退磁是指去除工件中剩磁、使工件材料磁畴重新恢复到磁化前那种杂乱无章状态的过程。探伤退磁就是将剩磁减小到不影响使用或下道工序加工的操作。打乱磁畴排布的方法有两种,即热处理退磁法和反转磁场退磁法。

（1）退磁方法

1) 交流电退磁

交流电(50 Hz)磁化过的工件用交流电(50 Hz)进行退磁。采用交流电退磁时可采用通过法或衰减法,并可组合成以下几种方式:

➤ **通过法**

(线圈法)线圈不动工件动,磁场逐渐衰减到零或者(线圈法)工件不动线圈动,磁场逐渐衰减到零。将工件放在拖板上置于线圈前 30 cm 处,线圈通电时,将工件沿着轨道缓慢地从线圈中通过,并远离线圈至少 1 m 以外处(或有效磁化区)断电。该方法适用于小型工件批量退磁,如图 3 - 8 所示。

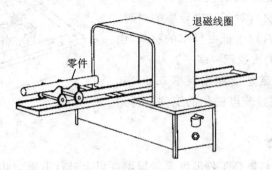

图 3 - 8 交流磁化线圈对工件退磁

> **衰减法**

(线圈法)线圈、工件都不动,电流逐渐衰减到零;(通电法)两磁化夹头夹持工件,电流逐渐衰减到零;(触头法)两触头接触工件,电流逐渐衰减到零;(交流磁轭法)交流电磁轭通电时离开工件,磁场逐渐衰减到零,如图 3 - 9 所示。

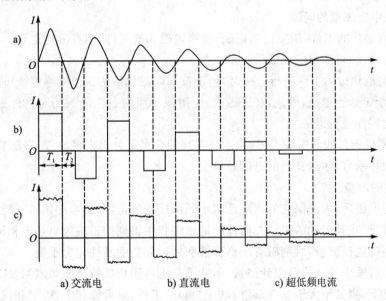

图 3 - 9 退磁电流波形图

对于大面积扁平线圈的退磁,可采用扁平线圈退磁器,如图 3 - 10 所示。退磁器内装有 U 形交流电磁铁,铁芯两极上串绕退磁线圈,外壳由非磁性材料制成。用软电缆盘成螺旋线,通以低电压大电流,便构成退磁器。使用时,给扁平线圈通电后像电熨斗一样,在工件表面来回熨,熨完后使扁平线圈远离工件 0.5 m 以外再断电,进行退磁。

2)直流电退磁

采用直流磁化的零件,一般应采用直流电退磁。直流电退磁可通过直流换向衰减或超低频电流自动退磁。

直流换向衰减退磁是通过不断改变直流电的方向,同时使通过工件的电流递减到零进行退磁的。在实际退磁时,电流衰减的次数应尽可能多(一般要求反转 10~30 次),对于高磁导率的材料,降低-反转的次数可少些,对于低磁导率的材料,由于矫顽力大,降低-反转的次数就要多些。

超低频电流自动退磁是指利用频率 0.5~10 Hz 的直流电对三相全波整流电磁化的工件进行退磁的方法。

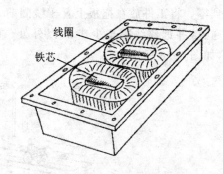

图 3-10　扁平线圈退磁器

(2) 退磁方法的选择

① 通过热处理或加热提高工件温度至居里温度以上进行退磁。此方法能彻底退磁,但不经济、不实用。

② 交流磁化的工件用交流电退磁,尤其是通过式退磁。该方法简单、速度快、退磁效果好,使用较广泛。因电流的趋肤效应,不能对直流磁化工件的深层进行退磁。

③ 直流换向衰减退磁和超低频电流自动退磁,几乎对任何磁化方法磁化的工件都能进行退磁。但此方法成本高,效率低。

(3) 退磁中应注意的问题

① 交流电磁化的工件,用交流电退磁;直流电磁化的工件,用直流电退磁。直流退磁后若再用交流电退一次,可获得最佳效果。

② 对周向磁化过的工件进行退磁时,由于被周向磁化后的试件磁感应线可完全被包围在试件内,难以断定是否退磁,因此,在退磁前,应用强于周向磁化的磁场对工件进行纵向磁化,再按纵向磁化零件进行退磁。

③ 采用零件通过线圈实现退磁时,工件与线圈要平行并靠内壁放置;退磁机应东西放置,与地磁场方向相垂直,达到良好的退磁效果。

(4) 剩磁的测量

工件进行退磁后,为确保它的剩磁已减小到可接受的范围之内,必须进行检查。

不同材料、形状和尺寸的工件在同样的退磁装置中得到的退磁效果是不相同的,必须对工件退磁后的剩磁进行测量,对剩磁有严格要求和外形复杂的工件尤为重要。

退磁效果可采用袖珍式磁强计测量(不精确),也可用特斯拉计或剩磁测量仪测量。

一般情况下,剩磁不大于 0.3 mT(240 A/m)的工件,对后续加工、焊接和仪表的使用都没有不利影响。对有特殊要求的工件必须通过试验制定严格的退磁验收规范。

6. 磁痕观察和记录

(1) 磁痕观察

磁痕的观察和评定一般应在磁痕形成后立即进行。

使用非荧光磁粉检验,必须在能够充分识别磁痕的日光或白光照明下进行,在被检工件表面的白光照度不应低于 1 000 lx。

使用荧光磁粉检验,应在环境光小于 20 lx 的暗区紫外光下进行。在 380 mm 处,紫外辐照度应不低于 1 000 $\mu m/m^2$。

（2）磁痕记录

工件上的磁痕有时需要保存下来，作为永久记录。磁痕记录一般采用照相、贴印、橡胶铸型复印、摹绘等方法。

1）照　　相

用照相法记录缺陷磁痕时，要尽可能拍摄工件全貌和实际尺寸，也可以拍摄工件的某一特征部位，以便了解磁痕的位置。为了解磁痕的大小和形状，应和刻度尺一起拍摄，以便读取尺寸。

工件表面如果高度抛光，则应注意避免强光，分散磁粉要用无光的载液。

使用黑磁粉检测时，最好先在工件表面上喷一层反差增强剂，可拍摄出清晰的缺陷磁痕照片。

如果用荧光磁粉进行探伤，不能采用一般照相法，应做以下工作：

① 在照相机镜头上加装淡黄色滤光片，滤去散射的紫外光，使其他可见光进入镜头；

② 在工件下面放置一块荧光板（或荧光增感屏），在紫外光照射下工件背衬发光，轮廓清晰可见；

③ 最好用两台紫外灯同时照射工件和缺陷磁痕；

④ 曝光时间用 1～3 min，光圈放在 8～11 之间，具体根据缺陷大小和磁痕荧光亮度来调节，这样做可拍出理想的荧光磁粉磁痕显示照片。

用数码照相机时不能采用自动补光功能。

2）贴　　印

贴印法是指利用透明胶带将磁痕复印至记录表格上。将工件表面有缺陷部位清洗干净，施加用酒精配制的低浓度黑磁粉磁悬液，在磁痕形成后，轻轻漂洗掉多余的磁粉，待磁痕干后用透明胶带粘贴复印磁痕显示，均匀按压后揭下，再贴在记录表格上，连同表明磁痕在工件上位置的资料一起保存。

3）橡胶铸型法

橡胶铸型法是指将磁粉检测所显示出来的缺陷磁痕采用室温硫化硅橡胶加固化剂形成的橡胶铸型进行复印，再对复印所得的橡胶铸型进行目视或在光学显微镜下进行磁痕分析。

适用范围：

① 适用于剩磁法，可检测工件上不小于 3 mm 孔径内壁的不连续性；

② 能间断跟踪检测疲劳裂纹的产生和发展；

③ 复印缺陷磁痕的橡胶铸型可永久保存。

4）绘制磁痕草图

在记录草图上按磁痕形状大小描绘出缺陷磁痕的具体位置、形状、大小和数量示意图，并在记录中对缺陷磁痕用文字进行描述，然后将这些描述资料一并保存。

5）可剥性涂层

工件上缺陷磁痕形成后，在工件上喷以快干的可剥性涂层膜，干燥后将涂膜轻轻取下来，再贴在记录表格上，连同表明磁痕在工件上位置的资料一起保存。

7. 后处理

后处理包括对退磁后工件的清洗和分类标记，对有必要保留的磁痕还应用合适的方法进行保留。

① 工件的清洗:清理主要是除去表面残留磁粉和油迹,可以用溶剂冲洗或将磁粉烘干后清除。使用水磁悬液检测的工件为了防止表面生锈,可以用脱水防锈油进行处理。应仔细清除当初为防止磁悬液进入小开口、油孔而使用的塞子或其他遮蔽物。如果涂覆了反差增强剂,应清洗干净。

② 工件的分类标记:标记的方法有打钢印、腐蚀、刻印、着色、盖胶印、拴标签、铅封及分类存放等。不合格工件应隔离,严禁将合格品和不合格品混放。

8. 磁粉探伤验收标准

(1) 磁痕的分类

磁粉探伤是根据缺陷磁痕的形状和大小进行评定和质量等级分类的。JB/T 6061—2007《无损检测 焊缝磁粉检测》标准对磁痕显示的分类规定如下:根据缺陷磁痕的形态,把它分为圆形和线形两种。凡长度与宽度之比大于等于 3 的缺陷磁痕,按线形磁痕处理;长度与宽度之比小于 3 的磁痕,按圆形磁痕处理。缺陷磁痕根据其类型、长度、间距以及缺陷性质分为四个等级,Ⅰ级质量最高,Ⅳ级质量最低。当同一条焊缝上出现不同类型或不同性质的缺陷时,可选用不同的等级进行评定。评定为不合格的缺陷,在不违背焊接工艺规定情况下,允许进行返修。返修后的检验和质量评定与返修前相同。

(2) 复验和缺陷排除

① 检测结束时,用标准试片验证检测灵敏度不符合检测要求时进行复验。

② 发现检测过程中操作方法有误或技术条件改变时要进行复验。

③ 磁痕显示难以定性时进行复验。

④ 合同各方有争议或认为有必要时要进行复验。

(3) 磁粉检测的质量分级

磁粉检测质量分为 4 级,其中Ⅰ级为质量最高级,Ⅳ级为质量最低级。

1) 不允许存在的缺陷

下列缺陷在磁粉检测时不允许存在,否则视为不合格。

① 不允许存在任何裂纹和白点。

② 紧固件和轴类零件不允许存在任何横向缺陷。

2) 焊接接头的磁粉检测质量分级

焊接接头的磁粉检测质量分级情况见表 3 - 4。

表 3 - 4 磁粉检测质量分级情况

等 级	线性缺陷磁痕	圆形缺陷磁痕(评定框尺寸为 35 mm×100 mm)
Ⅰ	不允许	$d \leqslant 1.5$,且在评定框内不大于 1 个
Ⅱ	不允许	$d \leqslant 3.0$,且在评定框内不大于 2 个
Ⅲ	$L \leqslant 3.0$	$d \leqslant 4.5$,且在评定框内不大于 4 个
Ⅳ	大于Ⅲ	

注:L 为线性缺陷磁痕长度,单位为 mm;d 为圆形缺陷磁痕直径,单位为 mm。

3) 受压加工部件材料的磁粉检测质量分级

受压加工部件材料的磁粉检测质量分级见表 3 - 5。

表 3-5　磁粉检测质量分级

等　级	线性缺陷磁痕	圆形缺陷磁痕(评定框尺寸为 2 500 mm²,其中一条矩形边长最大为 150 mm)
Ⅰ	不允许	$d \leq 2.0$,且在评定框内不大于 1 个
Ⅱ	$L \leq 4.0$	$d \leq 4.0$,且在评定框内不大于 2 个
Ⅲ	$L \leq 6.0$	$d \leq 6.0$,且在评定框内不大于 4 个
Ⅳ	大于Ⅲ	

注:L 为线性缺陷磁痕长度,单位为 mm;d 为圆形缺陷磁痕直径,单位为 mm。

任务二　焊缝磁粉探伤实训

3.2.1　任务目的

① 了解磁粉探伤的基本原理;

② 掌握磁粉探伤的一般方法和检测步骤;

③ 熟悉磁粉探伤的特点。

3.2.2　任务内容

1. 熟悉磁粉探伤实验设备

① 带支杆探头的磁粉探伤仪 1 台;

② 便携式马蹄形电磁轭磁粉探伤仪 1 台;

③ 便携式旋转磁场磁粉探伤仪 1 台;

④ A 型灵敏度试片;

⑤ 焊缝试板或实际焊接工件;

⑥ 磁悬液适量,喷罐 1 个。

2. 测试原理

用支杆法对焊缝进行局部探伤,其检测灵敏度高,操作方法简便。可根据需要调节电极支杆距离。但支杆法电极接触不良易打火,应注意防火防爆,同时支杆法需要一个较大较重的电流源,不适于野外现场的便携操作。

马蹄形磁轭法是非电极接触式探伤,设备小巧轻便,适于现场、野外工地的便携式工作。

交叉磁轭旋转磁场探伤仪方法可靠,灵敏度高,可一次磁化便能检出各方向的缺陷。但使用该设备时须注意观察探伤的全部表面,避免由于磁轭遮挡使缺陷磁痕漏检。

支杆法和马蹄形磁轭法探伤都应在探伤区域改变几个方向,务必使探伤检验在各个方向的灵敏度达到规定要求。

3.2.3　任务实施

① 工件表面预处理,用砂纸清除掉工件表面的防锈漆,使待建工件表面平整光滑,以使探头能和工件表面接触良好。

② 将 A(30/100)型试片贴在焊缝上。

③ 支杆法探伤：

> **检查纵向缺陷**

a) 将支杆间距调整到 200～300 mm。

b) 两支杆跨在焊缝上，支杆连线同焊缝方向夹角为 20°～30°。

c) 调整磁化电流到 A 型试片刻槽磁痕清晰显示。

d) 支杆每次检查的区域必须和上次检查的有覆盖部位，即重叠区域，且应为 40～50 mm。

e) 根据需要还可将支杆移动方位，其连线和焊缝纵向成 150°～160°夹角，亦即和以上探伤的各位置相对，再探伤检验一遍。

> **检查横向缺陷**

a) 支杆间距根据焊缝宽窄调整，一般要求大于 75 mm，但不宜超过 300 mm。

b) 两支杆跨在焊缝上，支杆同焊缝纵向夹角为 90°～120°。

c) 用 A 型试片调整探伤灵敏度，两支杆移动每次不得超过 100 mm。

④ 马蹄形电磁铁探伤

a) 调整磁轭间距为 100～150 mm。

b) 将磁轭两极跨在焊缝上进行横向磁化和将两极直接在焊缝上进行纵向磁化。调节电流或两极间距，使灵敏度试片(贴于磁轭两极中间的焊缝上)的刻槽磁痕清晰显示。

c) 用交叉磁轭旋转磁场探伤时，要求 A 型灵敏度试片的刻槽能显示出完整的清晰的圆形磁痕。设备以行走式进行对焊缝的探伤，行走速度小于或等于 3m/min，行走的带状区域应以焊缝为中轴线。

⑤ 注意掌握通电时间，仔细观察缺陷位置、形状；沿工件表面拖动探头，重复上述方法，进行一段距离后，用放大镜在已检工件表面仔细检查，寻找是否有磁痕堆积，从而评判缺陷是否存在。

⑥ 上述三种探伤方法，磁悬液均应在充磁过程中均匀地洒布到工件被检表面。

3.2.4　任务实施报告及质量评定

测试报告要求：

① 将检测数据和结果作记录，内容包括：测试设备种类、探伤检验方法、试片的使用和灵敏度确定、测试的条件选择(充磁电流、支杆间距、磁轭间距等)以及焊缝试块的自然情况。

② 根据要求填写测试报告。

磁粉探伤报告格式如表 3-6 所列。

表 3-6　磁粉探伤报告

检验单位		委托单位
	磁粉探伤报告	
工件名称		工件编号
材料		热处理状态
磁化设备		磁化方法

检验单位	磁粉探伤报告		委托单位
检验方法		磁粉名称	
试片名称、型号		验收标准	
检验结果			
工件和缺陷示意图			
检验日期	检测者	审核	室主任

任务一　基本知识储备

渗透探伤是通过在被检工件表面涂敷含有着色剂或荧光物质且具有高度渗透能力的渗透液,在液体对固体表面的湿润作用和毛细管作用下,渗透液将渗入被检工件表面开口缺陷中,然后用水或其他清洗液将工件表面多余的渗透液清洗干净,待工件干燥后再在工件表面涂上一层显像剂,将缺陷中的渗透液在毛细作用下重新吸附到工件表面,从而形成缺陷的痕迹,参见图4-1。通过直接目视或特殊灯具,观察缺陷痕迹颜色或荧光图像对缺陷进行评定。

该法具有操作简单,成本低廉,且不受材料性质限制等优点,广泛应用于各种金属材料或非金属材料构件表面开口缺陷的质量检验。

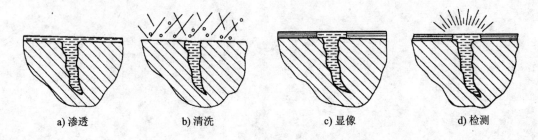

a) 渗透　　　　b) 清洗　　　　c) 显像　　　　d) 检测

图4-1　渗透探伤过程示意图

根据不同的显像方式、不同的渗透剂及显像剂,常用的渗透检验方法有如下几种。

(1) 着色检验方法

着色渗透法是将透有彩色染料的渗透剂渗入焊缝表面,清洗后,涂吸附剂,使缺陷内的彩色油液渗至表面,根据色斑点或条纹发现和判断缺陷的方法。

该方法使用的渗透液通常由红色染料及溶解着色剂的溶剂所组成,显像剂则为含有吸附性强的白色颗粒状的悬浮液组成,能直观地反映出缺陷的部位、形态及数量。

(2) 荧光渗透检验法

这种检验方法要使用含有荧光物质的渗透剂。清洗后,保留在缺陷中的渗透液被显像剂吸附出来,用紫光源照射,使荧光物质产生波长较长的可见光,在暗室中对着色后的焊件表面进行观察,通过显现的荧光图像判断缺陷的大小、位置及形态。

(3) 水洗型渗透检验法

该方法与其他渗透检验法原理相同,但此方法以水作清洗剂,渗透剂以水为溶剂,或者在渗透剂中夹有乳化剂,使非水溶性的渗透剂发生乳化作用而具有水溶性。也可以在渗透剂中直接加入乳化剂,而使渗透剂具有水溶性。

（4）溶剂去除渗透检验法

直接乳化型渗透剂有灵敏度不足的缺点，使用溶剂作为清洗剂可避免上述问题。由于清洗使用的溶剂主要是各种有机物，它们具有较小的表面张力系数，对固体表面有很好的润湿作用，因此有很强的渗透能力。但如操作不当，很容易浸入缺陷的内部，将渗透液冲洗出来，或者降低了着色物的浓度，使图像色彩对比度不足而造成漏检。

（5）干式显像渗透检验法

这种检验法主要采用荧光渗透剂，用经干燥后的细颗粒干粉可获得很薄的粉膜，对荧光显像有利，可提高探伤灵敏度。

（6）湿式显像渗透探伤法

湿式显像剂是在具有高挥发性的有机溶剂中加入起吸附作用的白色粉末配制而成，这些白色粉末并不溶解于有机溶剂中，而是呈悬浮状态，使用时必须摇晃均匀。

为改善显像剂的性能，还要加入一些增加黏度的成分，以限制有机溶剂在吸附渗透液到焊件表面后扩散，防止显像的图像比实际缺陷扩大的假象；同时为了尽快进行观察，常常采用吹风机进行热风烘吹加以干燥。

4.1.1 渗透探伤系统的基本组成

渗透探伤系统由渗透探伤材料和渗透探伤器材组成。

1. 渗透探伤材料

渗透探伤材料由渗透剂、去除剂和显像剂组成，总称渗透探伤剂。

由于渗透探伤的方法不同，对探伤剂的要求也各不相同，因而探伤剂的成分也不同。需要特别指出的是各种探伤剂要配套使用，不能相互交叉代替。某种渗透剂适合于与某种乳化剂、去除剂和显像剂配合使用。

（1）渗透剂

由于显像方式不同，着色探伤和荧光探伤的渗透剂中起主导作用的成分也不同，前者要求颜色醒目，着色强度高。除此之外，它们还有一些共同性要求：

1）渗透剂的性能

➤ **渗透剂的综合性能**

① 渗透力强，容易渗入零件的表面缺陷中。

② 荧光液应具有鲜明的荧光，着色液应具有鲜艳的色泽。

③ 清洗性好，容易从零件表面清洗掉。

④ 润湿显像剂的性能好，容易从缺陷中被吸附到显像剂表面，而将缺陷显示出来。

⑤ 无腐蚀，对零件和设备无腐蚀性。

⑥ 稳定性好，在光与热的作用下，材料成份和荧光亮度或色泽能维持较长时间。

⑦ 毒性小，或无毒。

⑧ 其他：检查钛合金与奥氏体不锈钢材料时，要求渗透液低氟低氯；检查镍合金材料时，要求渗透液低硫；检查与氧、液氧接触的工件时，要求渗透液与氧不发生反应。

➤ **渗透剂的物理性能**

渗透剂的物理特性包括黏度、表面张力和接触角、密度、挥发性、闪点和燃点、电导性等。

闪点：可燃性液体在温度上升过程中，液面上方挥发出大量可燃性蒸气，这些可燃性蒸气和空气混合,接触火焰时,会出现爆炸闪光现象。刚刚出现闪光现象时,液体的最低温度称为闪点。

燃点:指液体加热到能被接触的火焰点燃并能继续燃烧时的液体的最低温度。

对同一液体而言,燃点高于闪点。闪点低,燃点也低,着火的危险性也大。

➢ **渗透剂的化学性能**

① 化学惰性:要求渗透液对被检材料和盛装容器不腐蚀,呈化学惰性。注意:水洗型渗透液中乳化剂可能呈弱碱性,可能腐蚀铝镁合金。

渗透液中硫、钠等元素的存在,在高温下会对镍合金零件产生热腐蚀(热脆),渗透液中的卤族元素很容易与钛合金及奥氏体不锈钢材料作用,在应力的作用下,产生应力腐蚀裂纹。

② 清洗性。

③ 含水量和容水量:渗透液总的水含量与渗透液总量之比的百分数称为含水量。渗透液中含水量超过某一极限时,渗透剂出现分离、混浊、凝胶或灵敏度下降等现象,这一极限值称为渗透液的容水量。

渗透剂含水量越小越好,渗透剂容水量指标越高,抗水污染能力越强。

④ 毒性。

⑤ 溶解性。

⑥ 腐蚀性能。

综上所述,黏度、表面张力、接触角与清洗性能等影响渗透液的灵敏度;闪点、燃点、电导性与化学惰性、毒性等涉及操作者的安全及零件和设备的腐蚀。

任何一种渗透剂,不可能具备一切优良性能,也不能只用某一项性能来评价渗透液的优劣。

2) 渗透剂的分类及组分

渗透剂可分为着色荧光渗透剂、过滤性微粒渗透剂、化学反应型渗透剂、高温下使用的渗透剂等几种。

渗透剂一般由染料、溶剂、乳化剂和多种改善渗透剂性能的附加成分所组成。在实际的渗透配方中,一种化学试剂往往同时起几种作用。

➢ **红色染料**

着色液中所用染料多为红色染料,因为红色染料能与显像剂的白色背景形成鲜明的对比,产生良好的反差。着色液中的染料应满足色泽鲜艳、易溶解、易清洗、杂质少、无腐蚀、对人体无害等条件。

染料有油溶型、醇溶型和油醇混合型等几种。一般着色液中多使用油溶型偶氮染料。常用的染料有苏丹红、128 号烛红、223 号烛红、荧光桃红、刚果红和丙基红等。其中以苏丹红的使用最为广泛,它的化学名称为偶氮苯。

➢ **荧光染料**

荧光染料是荧光液的关键材料之一。荧光染料应具有很强的荧光,发出的荧光应为黄绿色。同时应耐黑光、耐热和对金属无腐蚀等。荧光染料的荧光强度和波长与所用的溶剂及其浓度有关。荧光液的荧光强度随着浓度的增加而增加,但浓度达到某一数值后,就不再继续增加,甚至会减弱。

利用"串激"的方法可以增强荧光亮度,即在荧光液中加入两种或两种以上的荧光染料,组成激活系统,起到"串激"作用。所谓"串激"就是第二种染料发出的荧光波长与第一种染料吸收光谱的波长相同,即第二种染料的荧光谱与第一种染料的吸收谱一致。这时,第一种染料在溶剂中吸收第二种染料的荧光得到激发,增强了自身发出的荧光强度。

> **溶　剂**

溶剂有两个主要作用:一是溶解染料;二是起渗透作用。因此,渗透液中所用溶剂应具有渗透能力强、对染料溶解性能好、挥发性小、毒性小、对金属无腐蚀等性能,且经济易得。多数情况下,渗透液都是将几种溶剂组合使用,使各成分的特性达到平衡。

溶剂可分为基本溶剂和起稀释作用的溶剂两类。基本溶剂应充分溶解染料,使渗透液着色(荧光)强度大。稀释剂除具有适当调节黏度与流动性目的外,还起到降低材料费用的作用。基本溶剂与稀释溶剂能否平衡地配合,直接影响渗透液的特性(黏度、表面张力、润湿性能等),是决定渗透性能好坏的重要因素。

煤油是最常用的溶剂。它具有表面张力小。润湿能力强等优点,但它对染料的溶解度小。加入邻苯二甲酸二丁酯不仅提高了煤油对染料的溶解度,又可在较低温度下,使染料不致沉淀出来,此外还可调整渗透液的黏度和沸点,减少溶剂的挥发,使渗透液具有优良的综合性能。

乙二醇单丁醚、二乙二酸丁醚常用做耦合溶剂,使渗透液具有较好的乳化性、清洗性和互溶性。

染料在溶剂中的溶解度与温度有关,为使染料在低温下不从溶剂中分离出来,还需在渗透液中加入一定量的稳定剂。

> **乳化剂**

在水洗型着色液与水洗型荧光液中,表面活性剂作为乳化剂加到渗透液内,使渗透液容易被水洗。乳化剂应与溶剂互溶,不应影响红色染料的色泽,或不影响荧光染料的荧光亮度。

(2) 去除剂

在渗透探伤中,用以去除工件表面多余渗透剂的液体称为去除剂或清洗剂。水洗型渗透剂用水清洗,水就是清洗剂;溶剂去除型渗透剂的清洗剂是有机溶剂,如丙酮、酒精、三氯乙烯等;后乳化型渗透剂的清洗剂是乳化剂和水。

作为清洗型使用的乳化剂有水基和油基两种。

若乳化剂的浓度高,乳化能力强,乳化速度快,乳化时间难以控制且乳化剂拖带损耗大;若浓度低,乳化能力弱,乳化速度慢,乳化时间长。应根据被检零件的大小、数量、表面光洁度等情况,通过试验来选择最佳浓度和时间。

乳化剂的性能如下:

1) 综合性能

外观能与渗透液明显区别;受少量水或渗透液污染不降低性能;乳化性能适中,乳化时间合理,容易操作;存储保管中,温度稳定性好,性能不变;对操作者的健康无害,无毒及无不良气味;闪点高,挥发性低,废液及去除污水的处理简便等。

2) 物理性能

黏度:影响乳化时间,最短的乳化时间大于或等于 30 s。

闪点:不低于 50 ℃。

挥发性:应低。

3）化学性能

毒性：无毒。

容水性：应能允许混入 5% 的水含量。

与渗透液的相容性：应允许混入 20% 的渗透液而不变质。

（3）显像剂

1）显像剂的性能

➢ **综合性能**

吸湿能力强，吸湿速度快，容易被缺陷处的渗透液所润湿并吸出足量渗透液。

显像剂粉末颗粒细微，对零件表面有一定的黏附力，能在零件表面形成均匀的薄覆盖层，将缺陷显示的宽度扩展到足以用肉眼看到。

➢ **物理性能**

颗粒度：应足够细，不大于 $3~\mu m$。

干粉密度：松散时小于 $0.075~kg/l$，包装状态小于 $0.130~kg/l$。

悬浮性：足够。

➢ **化学性能**

化学性能主要包括毒性、腐蚀性（F、Cl、S 等）、温度稳定性等。

2）显像剂的种类、组分及特点

显像剂的种类：干式显像剂和湿式显像剂。

干式显像剂（干粉显像剂）：适用于螺纹及粗糙表面零件的荧光检验。干粉显像剂为白色无机粉末，如氧化镁、氧化锌、碳酸钙、氧化钛粉末等。一般与荧光液配合使用。

常用的湿式显像剂包括以下几种：

① 水悬浮型湿式显像剂：干式显像剂加水按最佳比例配制成的悬浮液体称为水悬浮型湿式显像剂。配制比例通常为每升水中加入 $0.03\sim0.1~kg$ 显像粉末，再加入一定量的润湿剂、分散剂、抑制剂和防锈剂。这类显像剂的典型配方见表 4-1。

表 4-1 水悬浮型湿式显像剂的典型配方

配 方	比 例	作 用	配 方	比 例	作 用
氧化锌	6 g	吸附剂	表面活性剂	$0.01\sim0.1~g$	润湿剂
水	100 mL	悬浮剂	糊精	$0.5\sim0.7~g$	限制剂

② 水溶型湿式显像剂：将显像粉末溶解在水中制成的溶液称为水溶型湿式显像剂。这种显像剂克服了水悬浮型湿式显像剂容易沉淀和结块的缺点。水分蒸发后，水溶型湿式显像剂能形成一种与被检表面紧密贴合的白色显像剂薄膜，相比而言，比水悬浮型湿式显像剂更有利于缺陷的显示。检测后，用水即将这类显像剂薄膜去掉。

③ 溶剂悬浮型湿式显像剂：显像剂粉末加在挥发性的有机溶剂丙酮、煤油等中配制而成的悬浮液称为溶剂悬浮型湿式显像剂。该类显像剂中也加有限制剂和稀释剂等。该类显像剂通常装在喷罐中使用，并且常与着色液配合使用。

单就显像方法而言，该类显像剂灵敏度较高，因为显像剂中的有机溶剂有较强的渗透能力，能渗入到缺陷中，挥发过程中可把缺陷中的渗透液带回到零件表面，故显像灵敏度高。

④ 溶剂溶型湿式显像剂：将显像粉末溶解在有机溶剂中得到的显像剂称为溶剂溶型湿式

显像剂。这种显像剂目前在实际渗透检测中还很少使用。

2. 渗透探伤器材

(1) 便携式设备及压力喷罐

渗透探伤剂（包括渗透液、去除剂和显像剂），通常装在密闭的喷罐内使用。喷罐一般由探伤剂的盛装容器和探伤剂的喷射机构两部分组成，典型结构见图4-2。罐内装有探伤剂和气雾剂，40℃左右可产生 0.29 M～0.49 MPa 的压力。显像剂喷罐内还装有玻璃弹子，起搅拌作用。

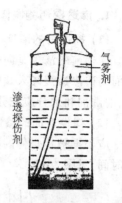

气雾剂

渗透探伤剂

图4-2 便携式压力喷罐

(2) 对比试块

在渗透探伤中使用对比试块的目的是检验在相同条件下，渗透检测材料的性能及显示缺陷痕迹的能力。

1) 镀铬对比试块

这种试块可测定渗透检测的灵敏度，用两块同样的试块可以比较两种渗透检测材料的性能。

将1Cr18Ni9Ti或其他适当的不锈钢材料，在尺寸 4 mm×40 mm×130 mm 的长方形试块上单面镀镍 30±1.5 μm，在镀镍层上再镀铬 0.5 μm，镀后退火。

从未镀面以直径 10 mm 的钢球，用布氏硬度法按 7 350 N、9 800 N、12 250 N 负荷打三点硬度，使在镀层上形成三处辐射状裂纹，见图4-3。

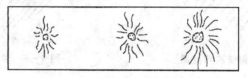

图4-3 镀铬对比试块

镀铬对比试块主要用于校验操作方法和工艺系统灵敏度。使用前，应将其拍摄成照片或用塑料制成复制品，以供探伤时对照使用。

试验时，先将该试块按正常工序进行处理，最后观察辐射状裂纹显示情况。如果与照片或复制品一致，则可认为设备和材料以及探伤工艺正常。

2) 铝合金对比试块

从 8～10 mm 厚的铝合金（LY-12、淬火）板材上切取一块大小为 50 mm×75 mm 的试块，用喷灯在中心部位加热至适当温度（510～530 ℃），然后在冷水中淬火，从而在铝块中产生天然的裂纹。再沿75 mm方向的中心位置开一个 1.5 mm×1.5 mm 的沟槽，从而完成一块铝合金对比试块的制作。

铝合金对比试块中间有一道沟槽，试块被分成两半，因此适合于两种不同的探伤试剂在互不影响的情况下进行灵敏度对比试验；也适用于同一种渗透剂在不同的工艺操作下进行灵敏度的对比试验。

由于试块上提供各种近似自然缺陷的裂纹，故适合于对探伤剂进行综合性能比较。但由于其裂纹尺寸往往较大，故对高灵敏度探伤剂的性能鉴别有困难。

3) 带缺陷零部件

带已知缺陷的零部件也可以作为对比试块。其表面结构、几何形状及材料性质均应与被检的零部件相同,并具有典型的代表性。

4.1.2 渗透探伤过程的控制

1. 渗透探伤的操作步骤

(1) 探伤前的清理

探伤前的清理是向被检焊件表面涂覆渗透剂前的一项准备工作,其目的是彻底清除焊件表面妨碍渗透液渗入缺陷的油脂、涂料、铁锈、氧化皮和污物等附着物。经预清洗后残余的溶剂、清洗剂和水分应充分干燥,并尽快进行下一步操作,见图 4-4。

(2) 焊件表面的渗透处理

应根据被检焊件的数量、尺寸、形状以及渗透剂的种类选择渗透方法,并保证有足够的渗透时间,见图 4-5。

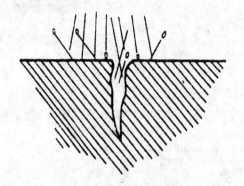

图 4-4 探伤前的处理

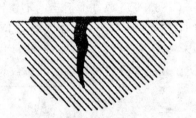

图 4-5 焊件表面的渗透处理

1) 渗透方法的选择

① 浸渍法。浸渍法指将焊件直接浸没在已调配好的渗透液槽中的方法。该方法渗透效果好,省时省工,对小型批量的零件适用,但一次配制的渗透液量较大。

② 刷涂法。刷涂法是指用软毛刷把渗透液刷涂在被检验部位的一种方法,其适宜于大型工件的局部检验,特别是焊缝的检验,所涉及工具简单,操作简易,耗用渗透液很少,不易造成浪费,故使用该法成本较低廉。

③ 喷涂法。喷涂法指用气泵将渗透液雾化成微小的液体颗粒后,通过喷雾器喷洒在焊件被检部位上的方法。由于渗透液喷出时有一定速度,这将有利于渗透作用,因此渗透效果较浸渍法好。目前市场上也有罐装的配制好的渗透剂出售,由于罐内装有压缩气体,有直喷性能,所以使用十分方便。喷涂法应在敞开的环境或通风良好的场所中采用。

2) 渗透时间的确定

渗透所需时间按渗透种类、被检焊件的材质、缺陷本身的性质以及被检焊件和渗透液的温度而定。对水洗型渗透剂,无论是水基的还是自乳化型的,由于渗透性能较差,需要的渗透时间就长一些。对后乳化型和溶剂去除型的渗透剂,因有降低表面张力、增加润湿作用的成分,故有极好的渗透性能,所需时间较短。

适宜的渗透温度为 15~50℃。探伤时,切忌采用加热的方法提高渗透剂的温度,因为它所含的各种成分多为低沸点的易燃物,极易引燃。通常只要将渗透剂移置于室温较高的环境下即可。

焊件本身的温度也会影响渗透效果。当焊件温度较高时,因为缺陷焊缝中的空气在较高温度下受热膨胀而密度变小,当温度相对较低的渗透剂涂抹在焊件表面时,会使缝隙内的空气冷却而收缩,有利于吸附渗透过程的进行。

由于渗透时间受多种因素制约,很难统一明确规定具体数值,渗透时间可以根据上述定性分析的情况,在 5～10 min 范围内调整选用。

(3) 焊件的乳化处理

仅对采用后乳化渗透剂时才有必要进行该步骤。因为渗透剂中大多以不溶于水的有机物作为着色剂的溶剂,如果用水清洗,则必须先作乳化处理。

乳化剂的使用方法基本上与渗透处理相同,可采用浸渍、浇注、喷洒等方法。一般情况下应当避免刷涂,小型焊件可直接浸渍于乳化剂中,局部探伤则可向被检表面浇注乳化剂。施加乳化剂后不再作其他处理,只是根据渗透剂、乳化剂的性质和被检物表面粗糙情况保持 2～5 min 即可。

(4) 焊件的清洗处理

其目的是为了去除附着在被检焊件表面上多余的渗透剂。在处理过程中,既要防止处理不足而造成对缺陷识别的困难,同时也要防止处理过度而使渗入缺陷中的渗透剂也被洗去。用荧光渗透剂时,可在紫外线照射下边观察处理程度,边进行操作。

清洗处理在渗透探伤中是一个至关重要的步骤。对于水洗型和后乳化型可用水进行清洗,水的压力及喷射的角度、喷嘴距焊件的表面距离都很重要(见图 4－6)。如焊件表面较粗糙时,对于局部探面以看不到渗透剂的色彩为适度。

在清洗处理中,特别应防止过度清洗。水压过大,垂直于焊件表面冲洗以及冲洗时间过长,都容易将缺陷内的渗透液冲洗掉,而使该显像的缺陷漏检。

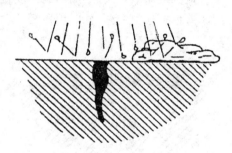

图 4－6 焊件的清洗处理

用溶剂清洗比用水清洗相对要简单一些,操作时一般选用棉花或纤维纺织品将多余的渗透液吸掉,然后再用清洗剂进行擦拭。清洗时应尽量避免反复擦拭造成清洗过度。同时,应该注意不要将擦拭物长时间在焊件表面停留,因为擦拭物本身纤维的毛细管作用,会吸附缺陷中的渗透液。

对于使用荧光显像的渗透探伤,由于观察必须在暗室中进行,所以将焊件先期移至暗室内,清洗处理在暗室中操作。

(5) 焊件干燥处理

干燥有自然干燥和人工干燥两种方式。对于自然干燥,主要控制干燥时间不宜太长。对于人工干燥,则应控制干燥温度,以免蒸发掉缺陷内的渗透剂,降低检验质量。对于用水进行清洗处理的应在清洗之后就进行干燥。用溶剂清洗的由于溶剂发挥很快,而且多为易燃物,所以无干燥的必要,但应该防止局部凹处积留残液。

显像之后是否干燥则视显像剂及显像方式而定,一般只有湿式显像法才需要干燥处理。

(6) 焊件表面的显像处理

根据显像剂的使用方式不同,显像处理的操作方式也不同。荧光探伤可直接使用经干燥后的细颗粒氧化镁粉作为显像剂即干式显像法,喷洒在被检面上。对小型焊件也可埋入氧化镁粉中,保留一定时间,让显像剂充分吸附缺陷中的渗透剂,最后用压力比较低的压缩空气吹拂掉多余的显像剂即可,见图4-7。

湿式显像法多用于着色探伤。使用方法与渗透处理相同,采用浸渍、喷洒、涂刷均可。但注意涂层要薄而均匀,防止聚集流淌,否则可能在局部表面形成较厚显像剂,掩盖了一些小缺陷。刷涂法工具简单,但工效低,不易涂抹均匀,操作技术稍难。

湿式显像法经适宜的显像时间后要及时进行干燥处理。保持足够的显像时间是为了使显像剂充分吸附缺陷中的渗透剂,若时间不足,这一过程就进行得不充分,缺陷将难以全部显现。但显现时间过长,则会使被吸附表面的红色渗液在显像剂中扩散,造成显现的彩色图像与缺陷的真实形状大小不符。显像时间取决于所采用的配方,一般在7 min之内就要进行干燥。

(7) 显像缺陷痕迹观察

由于渗透探伤是依靠人的视力或辅以5～10倍的放大镜去观察,因此要求探伤人员的矫正视力在1.0以上。对于着色探伤,探伤区光度不低于350 lx。对于荧光渗透探伤,观察人员应该在暗室中至少停留5 min,适应环境,被检测物表面的照度不低于50 lx。

对于显像的缺陷痕迹,可用示意图或透明胶纸描绘复制的方式记录其所在位置、形状及大小。对于着色探伤,在有条件时用照相的方法记录亦可。见图4-8。

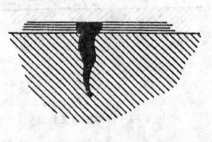

图4-7　焊件表面的显像处理　　　　　　图4-8　显像缺陷痕迹观察

(8) 探伤后焊件的处理

如果残留在工件上的显像剂或渗透剂影响以后的加工、使用,或要求重新检验时,应将表面冲洗干净。

对于水溶性的探伤剂用水冲洗,或用有机溶剂擦拭。

这一过程无特别要求,但其是渗透探伤全过程的一部分。

2. 缺陷的判别、分级与记录

(1) 渗透探伤焊接缺陷的判别

焊接缺陷的显示痕迹分为线状显示和圆状显示。

1) 线状显示痕迹

线状显示痕迹是指长度大于或等于3倍宽度的显示痕迹。

根据缺陷的形式不同,痕迹的形态也不同,通常反映的焊接缺陷有裂纹、未熔合、分层、条状夹杂等。这些痕迹有可能表现为比较整齐的连续直线；在缺陷全部扩展到表面时，可能显现为同一直线的延长线上断续呈现；也有可能显像为参差不齐的、略为曲折的线段，或长宽比不大的不规则痕迹。

2）圆状显示痕迹

圆状显示痕迹指长度小于 3 倍宽度的痕迹，可能呈圆形、扁圆形或不规则形状。圆形显示痕迹通常由焊接表面气孔、弧坑缩孔、点状夹杂等形成的缺陷而形成的。

根据痕迹形状来判断缺陷类型在相当程度上依靠检验人员的经验，虽然有一般的规律可遵行（例如，在检验焊缝时，根部未焊透通常表现为连续或断续的直线段；裂纹则为宽度不大的不规则线段；条状夹杂则为长宽比相对来说不大的不规则痕迹；表面气孔多成圆形显示）。但较为准确的结论还要依据显像的位置特征、材料的特征等因素综合判断。对于缺陷的深度判断更为困难，如果采用着色探伤则可以依据痕迹色彩的深浅大体定性地对比确定缺陷的深度。

（2）渗透探伤焊接缺陷的分级

不同的技术标准对分级的划分也不同，目前有《渗透探伤法》和《压力容器着色探伤》两项标准的分级方法。

1）《渗透探伤法》标准对缺陷显示痕迹的等级分类

这一标准将缺陷分为按圆状和线状痕迹划分的等级和按分散状痕迹划分的等级分类两种情况。分散状缺陷显示痕迹是指在一定区域内存在几个缺陷显示痕迹。这个区域为 2 500 mm² 的矩形面积（矩形最大边长 150mm）。上述两种等级分类见表 4 - 2。

表 4 - 2　缺陷等级分类

等级分类	线状和圆状缺陷显示痕迹长度	分散状缺陷显示痕迹长度
1 级	$1 \leqslant L < 2$	$2 \leqslant L < 4$
2 级	$2 \leqslant L < 4$	$4 \leqslant L < 8$
3 级	$4 \leqslant L < 8$	$8 \leqslant L < 16$
4 级	$8 \leqslant L < 16$	$16 \leqslant L < 32$
5 级	$16 \leqslant L < 32$	$32 \leqslant L < 64$
6 级	$32 \leqslant L < 64$	$64 \leqslant L < 128$
7 级	$L \geqslant 64$	$L \geqslant 128$

注：L 为缺陷显示痕迹长度，单位为 mm。

在判定痕迹时，如果有 2 个或 2 个以上缺陷显示痕迹大致在同一条直线上，同时间距又小于 2 mm，则应将其看做一个连续的线状缺陷显示痕迹，其长度为痕迹长度与间距之和。如果缺陷显示痕迹中最短长度小于 2 mm，而间距又大于显示痕迹时，则可将其看做单个的缺陷显示痕迹；间距小于显示痕迹时，则可看做密集型的缺陷显示痕迹。可按分散状缺陷显示痕迹总长度来定级。分散缺陷显示痕迹总长度指在 2 500 m² 面积内，长度超过 1 mm 的缺陷显示痕迹的总和。

2）《压力容器着色探伤》标准对缺陷显示痕迹的分级

这项标准对缺陷显示按线状和圆状各分为三级，各级允许存在的缺陷尺寸与材料厚度有关,具体数值见表4-3。

凡是出现以下情况之一的均为不合格。

① 任何表面裂纹分层。

② 大于表中规定的单个缺陷。

③ 在一条直线上有 4 个或 4 个以上间隙排列的缺陷显示,且每个缺陷之间的距离小于 2 mm。

④ 在任何一块 150 mm×25 mm 表面上存在 10 个或 10 个以上的缺陷显示。

产品的合格级别由设计部门根据压力容器有关标准决定。最大允许存在的缺陷尺寸见表4-3。

表4-3 最大允许存在的缺陷尺寸

材料厚度	线状显示			圆状显示		
	Ⅰ级	Ⅱ级	Ⅲ级	Ⅰ级	Ⅱ级	Ⅲ级
$t<16$	0	≤1.6	≤2.4	0	≤3.2	≤4.8
$16≤t≤50$	0	≤1.6	≤3.2	0	≤4.8	≤6.4
$t>50$	0	≤1.6	≤4.8	0	—	—

注:t 为材料厚度,单位为 mm。

(3) 渗透探伤报告和记录

1) 探伤结果的标识

经渗透探伤后确定认为合格时,应在被检物表面作出标记,表明该焊件已被检并确认合格;如表面有缺陷显示,也应在有缺陷的部位用涂料表明其位置,供返修时寻找。如有需要,还要用照明、示意图或描绘等方法作出记录备查,或作为填写报告时的依据。

2) 探伤报告

渗透探伤的结果最终以探伤报告的形式作出评定结论,探伤报告应综合反映实际的探伤方法、工艺及操作情况,并经有任职资格的探伤人员审核后签发存档,作为焊接结构的合同的确立或者合格的证明资料。

一份完整的探伤报告应包括下列内容:

① 焊接工件名称、编号、形状及尺寸、表面及热处理状态、探伤部位、探伤比。

② 探伤方法,包括渗透类型及显像方式。

③ 操作条件,包括渗透湿度和渗透时间、乳化时间、水压及水温、干燥温度及时间、显像时间。

④ 操作方法。

⑤ 探伤结论。

⑥ 产品示意图。

⑦ 探伤日期、探伤人员姓名、资格等。

渗透探伤报告参见表4-4。

表 4 - 4　渗透探伤报告

工程编号：		工程名称：		结构名称：	
渗透剂牌号：		检测标准：		合格级别：	
渗透时间：		显像时间：		钢号：	
检测温度：		表面状态：		数量：	
焊缝编号：	缺陷位置	缺陷尺寸	缺陷数量	缺陷性质	级别
产品示意图					
检验人：					

任务二　焊缝渗透探伤实训

4.2.1　任务目的

① 了解渗透探伤的基本原理；

② 掌握渗透探伤的一般方法和检测步骤；

③ 熟悉渗透探伤的特点。

4.2.2　任务内容

对大型钢制球形储罐的着色探伤。球罐外形参见图 4 - 2。

1. 探伤方法的选择

球罐为 400 m³ 的贮氨容器，材质为 16MnR，板厚 44 mm。按开罐检查的要求，对内外表面焊缝和支柱接管的角焊缝需进行 100% 的表面探伤。由于支柱和接管处的角焊缝不易用旋转磁场磁粉探伤机来检查，而溶剂去除型着色渗透探伤法具有很快的渗透速度，与快干式显像剂配合使用，可得到与荧光渗透检验相类似的灵敏度，而且所需设备简单，操作方便。因而选择溶剂去除型着色渗透探伤法较为合适。

2. 球罐渗透探伤的特殊工艺问题

在渗透探伤中，渗透时间与渗透剂的温度有很大的关系。为满足检验的要求，一般都在 15～40℃ 范围内进行。由于我国气温四季相差较大，北方地区最低可达零下几十度，因此必须解决低温下进行渗透探伤时给被检部位加热的问题。采用溶剂着色探伤时，渗透液和清洗剂都是易燃物，不能直接与明火接触，因此需采用罐内加热法，一般有以下三种方法：

(1) 工频加热法

将工频加热器固定在探测面的内壁，调整其工作电流并用点温度计和控制箱控制探测面温度在 30℃ 左右。此法温度容易控制，而且加热均匀可靠，但设备较复杂。

(2) 煤气喷嘴加热法

把喷嘴置于球罐内，对受检部位加热，通过调节煤气量和喷嘴与受检表面的距离来调节和控制加热的温度,使其探测表面在 30℃ 左右。但此种方法所涉及的设备也较复杂。

(3)气焊枪加热法

用气焊枪在球罐内表面对被检区域加热,调节焊枪与球罐受检区内壁的距离和火焰的大小来调节和控制加热的温度。由于钢铁传热快,可以用手背触摸检测区表面,以不烫手为宜,此时的温度一般在 40℃ 以下。该法温度控制不太准确,但简单易行,尤其适合于接管等局部焊缝的着色探伤。

3. 作对比试验

(1)制作试板

采用与球罐相同的材料制作对接焊试板,规格为 300 mm×150 mm×44 mm,用异种钢焊条缠绕细铜丝焊接试板,使之产生裂纹。

(2)试验过程

首先在室外低温(−7℃)情况下对试板进行探伤,在清洗过的焊缝表面喷涂渗透液,渗透15 min。然后进行清洗,再显像 10 min,结果没有发现缺陷。之后,对试板进行彻底清洗,放在室内(温度为 25℃)用同样的条件进行渗透探伤,结果发现焊缝表面裂纹密布,并用照相方法进行记录。最后再将试板彻底清洗干净并置于室外,用气焊枪在试板后面加热,调节火焰及焊枪与试件表面的距离,观察点温度计读数,使其指示在 30℃ 左右(或用手背触摸试块表面,不烫手即可),再用同样的条件重复进行着色探伤,结果发现缺陷显示的情况与在室温下相同。

经过上述对比试验,说明了采用气焊枪局部加热的方法能满足低温下进行着色探伤的要求,同时也反映了探伤方法和工艺的选择具有一定的合理性。

4.2.3 任务实施

1. 预清洗

用砂轮清除焊缝及其两侧 30 mm 范围内的飞溅、锈蚀、油污及较大的焊接波纹等,再用清洗剂清洗并擦干。

2. 加热受检区

对寒冷地区的球罐进行着色探伤时,可用气焊枪在受检表面的内壁加热,使受检部位的温度不超过 40℃(以不烫手为宜)。

3. 渗 透

将着色渗透液均匀地喷涂在受检表面,渗透 15 min。

4. 清 洗

先用纸擦去工件表面上大多数的渗透液,然后用蘸有清洗剂的干净布擦洗。

5. 显 像

喷涂显像剂,显像 15 min 后进行观察。

6. 观察和记录

在足够明亮的自然光线下仔细观察,分析和判断各种显示,并记录缺陷的位置、形状、数量和大小。

4.2.4 任务实施报告及质量评定

1. 探伤结果分析

① 发现一条清晰的线形显示痕迹,长为 73 mm,起始于焊趾外约 2 mm 处,越过焊趾边缘延长约 71 mm。经过分析,这是由于焊接应力造成的延迟裂纹。该裂纹用角砂轮打磨 5 mm 深才被清除掉。

② 在焊缝两侧焊趾部位发现有两条长为 20 mm、粗细不均的直线显示痕迹。除掉显像剂后发现是焊缝边缘的咬边。用清洗剂清洗后重新显像,仅发现两个小点状显示,证实了是由咬边引起的无关痕迹。

2. 检验报告

通常,液体检验不需要写检验报告,但在制造文件中应有产品液体渗透检验合格的签字。如果缺陷显示超标,则应编写液体渗透检验报告。

有关渗透探伤报告的格式参见表 4-5。

表 4-5 渗透探伤报告

委托单位:××××　　　　　××年××月××日　　　　　报告编号:××××

产品(设备)名称		显像剂	
焊件名称		渗透剂施加方法	
制造(设备)编号		渗透时间	
焊件编号		显像剂施加方法	
设备类(级)别		显像时间	
规格		试验温度	
材料牌号		试片型号	
表面状态		探伤比例	
清洗剂		执行标准	
渗透剂		乳化剂	

探伤结论:

	缺陷编号	缺陷性质	缺陷长度	缺陷处理	
				打磨后复探	补焊后复探
缺欠情况					
备注:					

报告人:　　　　　审核:　　　　　责任师:　　　　　监检员:

操作者:

　　力学性能试验用于测定焊接接头、焊缝及熔敷金属的强度、塑性和冲击吸收功等力学性能,以确定它们是否满足产品设计或使用要求,并验证焊接工艺、焊接材料正确与否。常用的试验方法见表5-1。

表5-1　焊接接头常用的力学性能试验

试验名称	试验目的	标　准
焊接接头拉伸试验	测定接头的抗拉强度(σ_b)和抗剪负荷(τ_P)	GB/T2651—2008
焊接接头弯曲及压扁试验	检验接头拉伸面上的塑性(冷弯角 α)及显示缺陷	GB/T2653—2008
焊接接头的冲击试验	测定接头焊缝、熔合线和热影响区常温、低温下的冲击吸收功(A_k)	GB/T2650—2008

任务一　焊接接头拉伸性能检验

5.1.1　任务目的

　　掌握焊接接头拉伸试验的方法和步骤。

　　拉伸试验用于评定焊缝或焊接接头的强度和塑性性能。抗拉强度和屈服强度的差值能定性地说明焊缝或焊接接头的塑性储备量。伸长率和断面收缩率的比较可以看出塑性变形的不均匀程度,能定性地说明焊缝金属的成份和组织不均匀性,以及焊接接头区域的性能差别。焊接接头的拉伸试验应按 GB/T 2651—2008《焊接接头拉伸试验方法》标准进行,以测定接头的抗拉强度 σ_b 与抗剪负荷 τ_P(试样点焊处在断裂前承受的最大剪切负荷)。

5.1.2　任务内容

1. 试样的截取方法与截取方位

　　从试件中截取样坯时,尽量采用机械切削的方法。样坯亦可用剪床、热切割以及其他方法截取,但均应考虑其加工余量,在任何情况下都必须保证受试验部分的金属不在切割热影响区内。当采用热切割时,对于钢材自切割面至试样边缘的距离不得少于 8 mm,并随切割速度减小、切割厚度增加而增加。

　　拉伸试样及其制备时要注意以下几点:

　　① 试样制备时每个试件应做标记以便识别其从产品或接头中取出的位置。如果相关标准有要求,应标记试样的加工方向(例如轧制方向或挤压方向)。每个试样应做标记以便识别其在试件中的准确位置。

　　② 焊接接头或试样一般不进行热处理,但相关标准规定或允许被试验的焊接接头进行热

处理除外,这时应在试验报告中详细记录热处理的参数。对于会产生自然时效的铝合金材质的试样,应记录焊接至开始试验的间隔时间。

注:钢铁类焊缝金属中有氢存在时,可能会给试验结果带来显著影响,可能需要进行适当的去氢处理。

③ 取样所采用的机械加工方法或热加工方法不得对试样性能产生影响。

④ 材料为钢时,厚度超过 8 mm,不得采用剪切方法。当采用热切割或可能影响切割面性能的其他切割方法从焊件或试件上截取试样时,应确保所有切割面距离试样的表面至少8 mm以上。平行于焊件或试件的原始表面的切割,不应采用热切割方法。其他金属材料,不得采用剪切方法和热切割方法,只能采用机械加工方法(如锯或铣、磨等)。

⑤ 通常试样的厚度应为焊接接头的试件厚度(见图5-1a))。如果试件厚度超过 30 mm,则可从接头不同厚度区取若干个试样以取代接头全厚度的单个试样,但每个试样的厚度应不小于 30 mm,且所取试样应覆盖接头的整个厚度(见图5-1b))。在这种情况下,应当标明试样在焊接试件厚度中的位置。

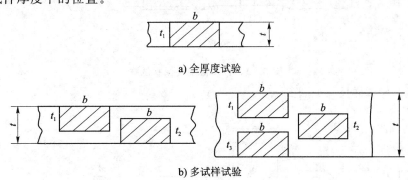

a) 全厚度试验

b) 多试样试验

注:试样可以相互搭接

图 5-1 试样的位置示例

⑥ 试样厚度沿着平行长度应均衡一致,其形状和尺寸应符合表5-2及图5-2的规定。对于从管接头截取的试样,可能需要校平夹持端,然而,这种变平及可能产生的厚度的变化不应波及平行长度 L_e。

表 5-2 板及管状试样的尺寸　　　　　　　　　mm

名　称		符　号	尺　寸
总　长		L_t	适合所有的试验机
夹持部分宽度		B_1	$b+12$
平行长度部分宽度	板	b	$12(t_s \leqslant 12)$ $25(t_s > 12)$
	I_s 管子	b	$6(D \leqslant 50)$ $12(50 < D \leqslant 168)$ $25(D > 168)$
平行长度		I_e	$> L_s + 60$
过渡圆弧		r	$\geqslant 25$

注:①对于压焊及高能束焊接而言(根据 GB/5185—2005,其工艺方法代号为 2,4,51 和 52),焊缝宽度为零($L_s = 0$)。
　　②对于某些金属材料(如铝、铜及其合金)可以要求 $I_e \geqslant I_s + 100$。

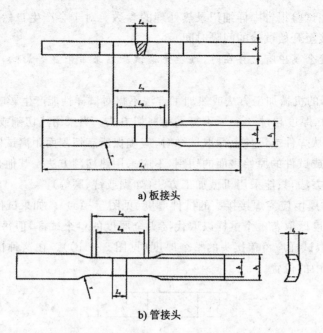

a) 板接头

b) 管接头

图 5-2 板和管接头板状试样

⑦ 整管拉伸试样尺寸见图 5-3。

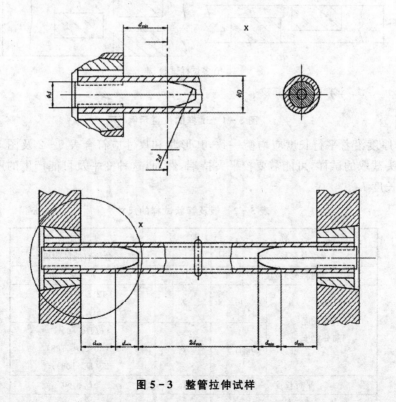

图 5-3 整管拉伸试样

⑧ 棒材接头选用图 5-4 及表 5-3 所示圆形试样;短时高温接头选用图 5-5 及表 5-3 所示试样。

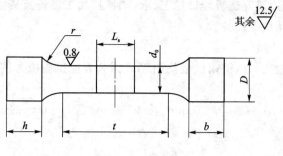

图 5 - 4　圆形试样

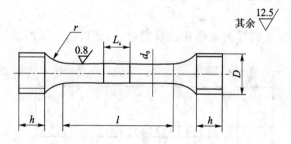

图 5 - 5　短时高温试样

表 5 - 3　圆形试样及短时高温试样　　　　　　　　　　　mm

d_o	D	l	h	r_{min}
10 ± 0.2	试验机结构定	L_s+2D	试验机结构定	4
5 ± 0.1	M12×1.75	30		5

2. 焊接接头拉伸样坯截取方位

焊接接头拉伸样坯原则上取试件的全厚度,若试件超过 30 mm 时,则按图 5 - 6 所示截取,且样坯应覆盖试件的全厚度。

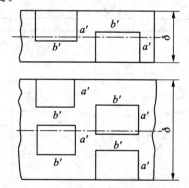

图 5 - 6　焊接接头拉伸试样坯截取方位

5.1.3　任务实施

(1)训练所需场地、设备

① 气割或剪板机等下料设备及其相应的场地。

② 刨床或铣床、铣边机等试板坡口加工、取样、试样加工设备及其场地。

③ 焊材保管场地及烘干设备。

④ 焊接设备。

⑤ 液压式万能试验机。以济南试金集团 WE 系列万能试验机为例来说明。

（2）焊制试板

试板材料为 Q235 - A 钢板，厚 20 mm、长 300 mm、宽 120 mm 的试板两块，开 V 形坡口，采用焊条电弧焊。

（3）焊后清洁

焊后对焊缝两侧及表面进行清理，去除表面焊渣及氧化物。

（4）截取试样

用机械方法切取，防止试样表面硬化或材料过热，截取部位如图 5 - 7 所示。

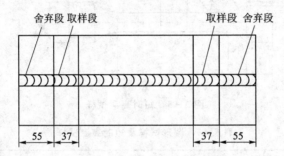

图 5 - 7　试样截取部位示意图

以机械方法去除焊缝余高使焊缝与母材表面平齐，拉伸试样如图 5 - 8 所示。

图中：$b=25$　　　　$B=b+12$　　　$L=250$

　　　　$l=L_s+60$　　　$R=25$

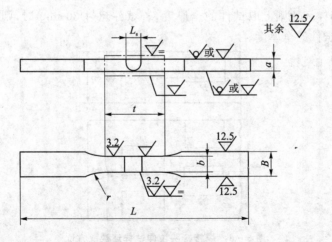

图 5 - 8　板状拉伸试样

（5）液压式万能试验机工作流程

以液压式万能试验机 WE 系列为例，其主要由液压传动系统和正切摆锤测力机构组成，如图 5 - 9 所示。油箱 1 内的油经过滤油网 2 被吸入油泵 3 后，经油泵的输油管 4 送到送油阀

5 内。当送油阀手轮 6 关闭时,由于油压作用而将活塞 7 推开,油从回油管 8 流回油箱,当送油阀手轮打开时,则油液经油管 9 进入工作液压缸 10 内,再通过压力油管经过回油阀体 11 的孔路进入测力液压缸 12,活塞 13 往下移动,带动拉杆 14,使方铁及主轴转动。摆杆带动摆锤 15 扬起一角度,同时推杆 16 使推杆 17 水平移动,通过小齿轮,带动指针 18 在刻度盘上指示试验力数值。

液压式万能试验机的主要构造如下:

① 主机。以 WE-300 试验机为代表进行说明,如图 5-10 所示。两根支柱 7 用螺母固定在机座 2 上,其上端装有液压缸座 8,工作液压缸 10 固定在液压缸座中央,工作液压缸内的工作活塞 9 用调心球面支杆 11 支持着横梁 13。拉梁 12 的上端固定在横梁上,下端固定在试

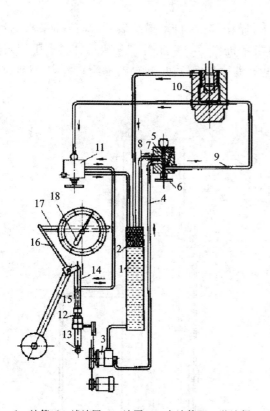

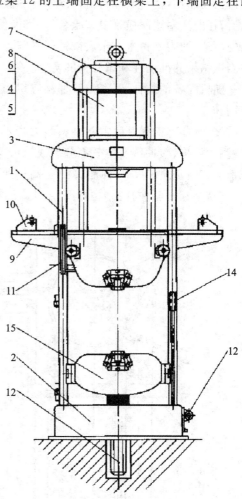

1—油箱;2—滤油网;3—油泵;4—出油管;5—送油阀;
6—送油阀手轮;7—活塞;8—回油管;9—送油管;
10—工作液压缸;11—回油阀;12—测力液压缸;
13—测力活塞;14—拉杆;15—摆杆;16—推杆;
17—推杆;18—指针

图 5-9　WE 系列液压式万能试验机工作流程图

1—丝杆;2—机座;3—下钳口座;4—刻度尺;
5—试验台;6—刻度尺;7—支柱;8—液压缸座;
9—工作活塞;10—液压缸;11—调心球面支杆;
12—拉梁;13—横梁;14—操纵按钮;15—电动机

图 5-10　WE-A 型主机

验台 5 上。当油泵输送来的油液使工作活塞上升时，试验台随即上升。试验台前后两侧面装有刻度尺 6，用以指示出弯曲支座的距离。试验台下部是拉伸用的上钳口座。下钳口座 3 则装在机座中心的丝杠 1 的上端。丝杠受螺母及蜗轮控制，当启动升降电动机时，蜗杆带动蜗轮螺母旋转，致使丝杠带动下钳口座作上升或下降运动，按照试验要求把下钳口座迅速升降到需要的位置。电动机 15 的操纵电钮 14 安装在主机的支柱上，电钮上标有"向上"及"向下"的字样，下钳口座的升降距离设有限位开关，可以控制它的升降极限。试验台后面左下方装有刻度尺 4，可以看出试验台的升降距离。

液压缸及活塞是主机的主要部分，它们的接触表面经过精密加工，并保持一定的配合间隙和适当的油膜，使活塞能自由移动而将摩擦减小到最低限度。当油泵打来的高压油进入液压缸后，托着活塞连同横梁及试验台等上升，使负荷作用在试件上。因此在使用时，应特别注意油的清洁，油内不得含有杂质或铁屑等，防止其进入液压缸内，造成液压缸活塞表面的划伤，影响测试结果的准确性和试验机的寿命。

随机配备的拉伸、压缩、弯曲及剪切附件，根据试验种类的不同，安装在试验机主机上使用。

② 测力计。测力计主要由试验力指示机构、操作部分、自动描绘装置、高压油泵与电动机、测力机构、缓冲阀及电气部分组成。试验力指示机构（1—主指针；2—从动针；3—手把）操作部分（7—送油阀；8—回油阀；9—高压油泵电动机的开停按钮）和自动描绘装置（4—圆筒；5—支持架；6—坠铊）的结构如图 5-11 所示。

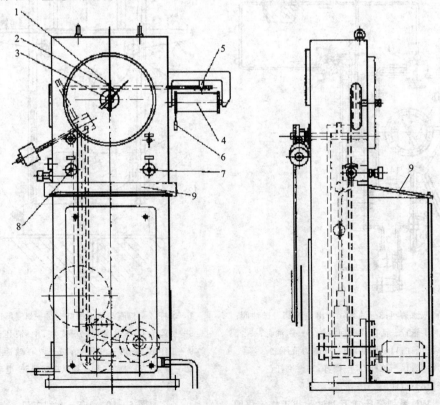

图 5-11　动摆测力计

(6) 液压式万能试验机的操作步骤

① 检查试验机的试件夹头的形式和位置是否与试件配合;油路上各阀门是否关闭;保险开关是否有效;自动绘图仪是否正常等。

② 根据所需最大载荷,选择测力度盘,配置相应的摆锤。

③ 开动油泵电动机数分钟,检查运转是否正常。然后操纵进油机构,向工作液压缸中缓慢输油,等活动台升起 1 cm 左右时,使油量减到最少,并调整测力指针对准"零"。调整好后立即停车。

④ 安装试件。先将试件安装在上夹头内,再移动下夹头使之达到适当位置,并把试件下端夹紧。但试件夹紧后就不得再调整夹头了。

⑤ 调整好自动绘图器的传动装置和笔、纸等。

⑥ 开动油泵电动机,并使自动绘图器工作,预加小载荷操纵进油机构,并慢速加载。缓慢而均匀地使试件产生变形,注意观察测力指针的转动、自动绘图的情况和相应的试验现象,当测力指针倒退时,记录超载荷数值。此时可加快加载速度,直到试件断裂为止,停车,由副针读出最大载荷,并做记录。

⑦ 试验完毕后,取下试件,缓慢打开回油机构,将油液泄回油箱,使活动台回到原始位置。将所有机构复原,清理机器。

⑧ 用卡尺测量断口处最小截面尺寸。从自动绘图器上取下拉伸曲线图样。

5.1.4　任务实施报告及质量评定

根据试验要求,记录相关的内容并完成试验报告。报告要有以下内容:

① 试样的形式及截取位置。

② 试样拉断后的抗拉强度。

③ 试样断裂后断裂处出现的缺陷的种类和数量。

④ 试样的断裂位置。

试验报告示例:

编号:

依据的焊接工艺规程或焊接工艺预规程:

依据国标 T 2651 进行焊接接头拉伸试验:

试验结果:

制造商:

试验目的:

产品种类:

母材:

填充金属:

试验温度:

检验:　　　　　　　　　　审核:

(签名和日期)　　　　　　(签名和日期)

任务二　焊接接头弯曲性能检验

5.2.1　任务目的

掌握焊接接头横向弯曲试验的方法和步骤。

熔焊与压焊对接接头的弯曲试验可按 GB/T 2653—2008《焊接接头弯曲试验方法》进行，以检验接头拉伸面上的塑性（冷弯角）及显示缺陷。

5.2.2　任务内容

1. 试样的制备和截取要求

（1）试样制备的要求

① 试样的制备应不影响母材和焊缝金属性能。

② 对于对接接头横向弯曲试验，应从产品或试件的焊接接头上横向截取试样以保证加工后焊缝的轴线在试样的中心或适合于试验的位置。

对于对接接头纵向弯曲试验，应从产品或试件的焊接接头上纵向截取试样。

③ 每个试件都应标记以便识别其在产品或接头中的准确位置。如相关标准有要求，应标记试样的加工方向（例如轧制方向或挤压方向）。

④ 除非相关标准规定或允许被试验的焊接接头要进行热处理，一般焊接接头和试样均不进行热处理。若进行热处理应在报告中详细记录热处理的参数。对于铝合金材质的试件，如果产生了自然时效，应记录焊接至开始试验的间隔时间。

（2）试样截取的要求

① 采用机械加工方法或热加工方法截取的试样不应改变试样的性能。

② 试样为钢且当厚度大于 8 mm 时不能采用剪切方法截取。如果采用热切割或其他可能对切割表面产生影响的切割方法从试件截取试样时，任意切割面距离试样的表面应大于或等于 8 mm。

③ 其他金属材料只能采用机械加工方法。

（3）试样的尺寸

1）横弯试样和背弯试样

横弯试样和背弯试样的截取参见图 5-12。

试样厚度 t_s 等于焊接接头处母材的厚度。

当相关标准要求对整个厚度（30 mm 以上）进行试验时，可以截取若干个试样覆盖整个厚度。在这种情况下，试样在焊接接头厚度方向的位置应做标识。

钢板试样的宽度 b 应不小于厚度 a 的 1.5 倍，至少为 20 mm；铝、铜及其合金的试样宽度 b 应不小于厚度 a 的 2 倍，最小为 20 mm。

对于管材试件，试样的宽度 b 应为

当管直径≤50 mm 时，$b=\delta+0.1D$（最小为 8 mm）；

当管直径>50 mm 时，$b=\delta+0.05D$（最小为 8 mm，最大为 40 mm）。式中，δ 为管壁厚度，D 为管子外径。

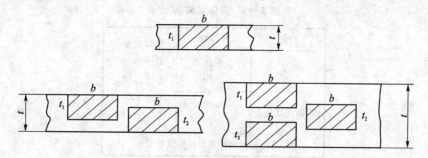

图 5-12 对接接头弯曲试样

2) 侧弯试样

试样的截取参见图 5-13。

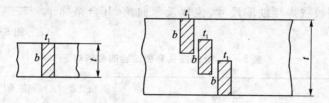

图 5-13 对接接头侧弯试样

试样宽度 b 应等于焊接接头处母材的厚度。试样厚度 t_s 至少应为 (10 ± 0.5) mm，而且试样宽度应大于或等于试样厚度的 1.5 倍。

当接头厚度超过 40 mm 时，允许从焊接接头截取几个试样代替一个全厚度试样，试样宽度 b 的范围为 20～40 mm。在这种情况下，试样在焊接接头厚度方向的位置应做标识。

3) 试样的截取部位

参见图 5-14，试样厚度 t_s 应等于焊接接头处母材的厚度。如果试件厚度 t 大于 12 mm，试样厚度 t_s 应为 (12 ± 0.5) mm，而且试样应取自焊缝的正面或背面。

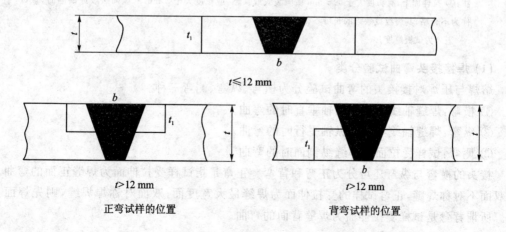

$t\leqslant12$ mm

$t>12$ mm

正弯试样的位置

$t>12$ mm

背弯试样的位置

图 5-14 对接接头纵向弯曲试样

纵弯试样的尺寸见表 5-4。

表5-4 纵弯试样的尺寸 mm

材料	试样厚度 t_s	试样宽度 b
钢	≤20	$L_s+2×10$
	>20	$L_s+2×15$
铝、铜及其合金	≤20	$L_s+2×15$
	>20	$L_s+2×25$
其他金属试样宽度按协议要求		

2. 焊接接头弯曲试验

弯曲试验可以检验熔焊和压焊对接接头拉伸面上的塑性并显示其缺陷,塑性用弯曲角 $α$ 表示,如图5-15所示。检查试样拉伸面上出现的裂纹或焊接缺陷尺寸、位置及弯曲角,其合格标准见表5-5。

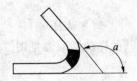

图5-15 弯曲角度

表5-5 焊接接头弯曲试验的合格规定

焊接方式	钢 种		弯曲直径 D/mm	支座间距离 L/mm	弯曲角 $α$/(°)
双面焊	碳素钢	母材抗拉强度规定值下限/MPa <440	2δ	4.2δ	180°
		440~540	3δ	5.2δ	180°
	普通低合金钢		3δ	5.2δ	100°
	铬钼钢和铬钼钒钢		3δ	5.2δ	50°
	奥氏体钢		2δ	5.2δ	100°
单面焊	碳素钢、奥氏体钢		3δ	5.2δ	90°
	其他合金钢		3δ	5.2δ	50°

注:① 拉伸面上,有长度大于1.5 mm横向裂纹或缺陷,或长度大于3 mm的纵向裂纹或缺陷时,该试件为不合格,其裂纹或缺陷的长度不得叠加。

② δ为试板厚度。

(1) 焊接接头弯曲试验分类

熔焊与压焊对接接头的弯曲试验分为横弯、纵弯、侧弯三种。

① 横弯:焊缝轴线与试样纵轴垂直时的弯曲。

② 纵弯:焊缝轴线与试样纵轴平行时的弯曲。

③ 侧弯:试样受拉面为焊缝纵剖面时的弯曲。

接头的横弯与纵弯还可分为正弯和背弯。正弯是指试样受拉伸面为焊缝正面的弯曲。对于双面不对称焊缝,正弯试样的受拉伸面为焊缝最大宽度面;双面对称焊焊缝,则先焊面为正面。所谓背弯是试样受拉伸面为焊缝背面的弯曲。

(2) 弯曲试验方法的分类

弯曲试验方法分为圆形压头弯曲试验法和滚筒弯曲试验法两种。试验时,试样弯到规定角度后,沿试样拉伸部位出现的裂纹及焊接缺陷尺寸,应按相应标准或产品技术条件进行评定。

1）圆形压头弯曲试验法

如图 5－16 所示，试验时，将试样放在两个平行的滚子支承上，在跨距中间，垂直于试样表面施加集中载荷(三点弯曲)，使试样缓慢地弯曲。当弯曲角达到使用标准中规定的数值时，试验便告完成。试验后检查试样拉伸面上出现的裂纹或焊接缺陷的尺寸和位置。

2）滚筒弯曲试验法

如图 5－17 所示，试验时，将试样一端牢固地夹紧在具有两个平行滚筒的试验装置中，通过半径为 R 的外滚，以内滚轴线为中心作圆弧转动，向试样施加集中载荷，使试样缓慢连续地弯曲。当弯曲角度达到使用标准中规定的数值时，试验便告完成。本试验方法尤其适用于两种母材或焊缝和母材之间的物理弯曲性能显著不同的材料组成的横向弯曲试验。当试件厚度超过 10 mm 时，建议用侧弯试验代替正弯和背弯试验。

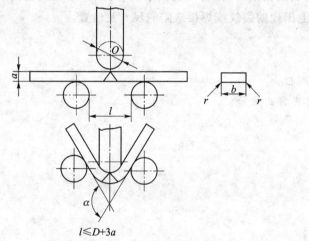

图 5－16　圆形压头弯曲试验

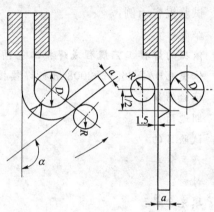

图 5－17　滚筒弯曲试验

5.2.3　任务实施

1）训练所需场地、设备

① 气割或剪板机等下料设备及其相应的场地。

② 刨床或铣床、铣边机等试板坡口、取样、试样加工设备及其场地。

③ 焊材保管场地及烘干设备。

④ 焊接设备。

⑤ 液压式万能试验机。试验机相关内容参考拉伸试验中的说明。

2）焊制试板

试板材料为 Q235－A 钢板。厚 12 mm、长 300 mm、宽 100 mm 的试板两块，开 V 形坡口，采用焊条电弧焊。

3）焊后清理

焊后对焊缝两侧及表面进行清理，去除表面焊渣及氧化物等。

4）截取试样

用机械方法切取，防止试样表面硬化或材料过热；以机械方法去除焊缝余高，使焊缝与母材表面平齐,如图 5-18 所示。

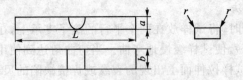

图 5-18 横弯试样简图

5)装夹试件进行弯曲试验

万能试验机的工作流程、构造及主要操作步骤可参考拉伸试验技能训练指导。

5.2.4 任务实施报告及质量评定

根据试验要求,记录相关的内容并完成试验报告,报告要有以下内容:试样的形式及截取位置;弯曲方法及压头直径;试样拉伸面上出现的裂纹或焊接缺陷的尺寸及位置。

试验报告示例:

编号:

依据的焊接工艺规程或焊接工艺预规程:

依据 GB/T 2653—2008 进行焊接接头弯曲试验:

试验结果:

制造商:

试验目的:

产品种类:

母材:

填充金属:

试验温度:

相关表格见表 5-6。

表 5-6 依据 GB/T 2653—2008 焊接接头弯曲试验

试样编号 No./位置	试验类型	尺寸/mm	压头直径/mm	辊筒间距离/mm	弯曲角/(°)	原始标距/mm	伸长率/%	说明缺陷的类型和尺寸

检验:　　　　　　　　　　　　　　　　　审核:

(签名和日期)　　　　　　　　　　　　　　(签名和日期)

任务三　焊接接头冲击性能检验

5.3.1 任务目的

焊接接头冲击试验可按 GB/T 2650—2008《焊接接头冲击试验方法》进行,以测定焊接接头焊缝、熔合区和热影响区的冲击吸收功,即考核焊接接头的冲击韧度和缺口的敏感性,将其作为评定材料断裂韧性和冷作时效敏感性的一项指标。

5.3.2 试样的制备要求

(1) 焊接接头冲击试样要求

一般将规格为 10 mm×10 mm×55 mm 并带有 V 形缺口的试样作为标准试样,如图 5-19 所示,试样缺口底部应光滑,不得有与缺口平行的明显划痕。进行仲裁试验时,试样缺口底部的粗糙度应低于 $R_a=0.8\ \mu m$。在某些产品技术条件规定下或无法切取标准试样情况下,允许用带 V 形缺口的辅助试样或辅助小尺寸试样。

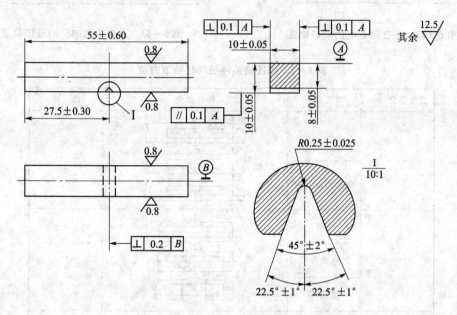

图 5-19 标准 V 形缺口冲击试样

(2) 焊接接头冲击试样的截取和试样缺口方位

试样在焊接试板中的方位和缺口位置如图 5-20 所示,所开缺口的轴线应垂直于焊缝表面;试样的焊缝、熔合线和热影响区的缺口位置如图 5-21、图 5-22、图 5-23 所示,为了能准确地将缺口开在指定位置,在开缺口前应用腐蚀剂腐蚀试样,在清楚显示接头各区域后按要求画线。

(3) 焊接接头冲击样坯截取方位

焊接接头冲击样坯截取方位见表 5-7。

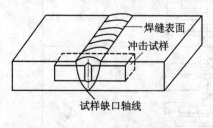

图 5-20 试样缺口方向示意图

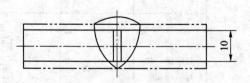

图 5-21 开在焊缝的位置

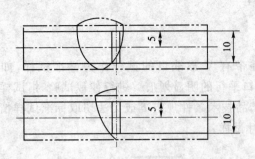

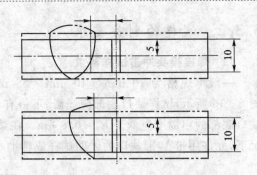

图 5-22　开在熔合线的缺口位置　　　　图 5-23　开在热影响区的缺口位置

表 5-7　焊接接头冲击样坯截取方位

试件厚度/mm	焊接方法	样坯方位	说　明
<16	压焊		
	电弧焊或气焊		
>16~40	压焊		c=1~3
	电弧焊		c=1~3
	电渣焊		
>40~60	电弧焊		c=1~3
	电渣焊		c≥6
>60~100	电弧焊		c=1~3
	电渣焊		c≥6
H=18~40 H>40~60	电弧焊		c=1~3

注：δ——试件厚度；H——后焊一侧的焊缝厚度；c——从试件厚度表面至样坯边缘的距离

5.3.3　任务实施

(1) 训练所需场地、设备

① 气割或剪板机等下料设备及其相应的场地。

② 刨床或平面磨床、开 V 形坡口专用铣刀及铣床、铣边机等试板坡口、取样、试样加工设备及其场地。

③ 焊材保管场地及烘干设备。

④ 焊接设备。

⑤ 冲击试验机。

(2) 焊制试板

Q235 - A 型钢板两块，厚 140 mm、宽 120 mm、长 300 mm，开 V 形坡口，采用焊条电弧焊。

(3) 截取样坯

如图 5 - 24 所示截取样坯。

(4) 制作试样

常用 10 mm×10 mm×55 mm 带有 V 形缺口的试样作为标准试样，如图 5 - 19 所示，用机械方法切取加工或磨制。

图 5 - 24　样坯截取示意图

(5) 检查设备及试样

校验冲击试验机，使指针在无试件冲击时能回到零位。检查试样尺寸、形位公差、表面粗糙度，然后用缺口投影仪检查缺口尺寸及表面粗糙度。不合格者不得使用。

(6) 测量试样尺寸

测量试样尺寸，精确到 0.1 mm，并记录其尺寸。

(7) 装夹试样

试样应紧贴支座，并用样规检查刻槽位置，刻槽位置应正好在支座跨距的中心，其偏差不大于 0.2 mm。

(8) 注意事项

操作时，注意松开摆锤时的安全，避免摆锤及试件伤人，试样冲断后切勿过早按止动按钮，防止提前制动而提高冲击功的数值。

(9) 结果记录

试样冲断后，应立即读出冲击功数值，并作好试验记录，以防止漏记。常温冲击试验时保持室温在 20℃ 左右。

5.3.4　任务实施报告及质量评定

记录试样的形式及缺口的方位、试验温度、冲击吸收功和冲击韧度值、断口上发现的缺陷种类等内容，并填写试验报告。

试验报告示例：

编号：

依据的焊接工艺规程或焊接工艺预规程：

依据 GB/T 2650—2008 进行焊接接头冲击试验：

试验结果：

制造商：

试验目的：

产品种类：

母材：

填充金属：

试验温度：

相关样式见表 5-8。

表 5-8　依据 GB/T 2650—2008 焊接接头冲击试验

试样编号 No./位置	符号	尺寸/mm	试验温度/(℃)	冲击韧度/(J/mm²)	冲击吸收功/J	说　明		
						断口的位置	断口的类型	缺陷类型及尺寸

检验：　　　　　　　　　　　　　　审核：

（签名和日期）　　　　　　　　　　（签名和日期）

学习情境六

焊接接头金相组织检验

　　焊接接头金相检验是截取焊接接头上的金属试样经过加工、磨光、抛光和选用适当的方法显示其组织后,用肉眼或在显微镜下进行组织观察;并根据焊接冶金、焊接工艺、金属相图与相变原理和有关技术文件,对照相应的标准和图谱,定性或定量地分析接头的组织形貌特征;从而判断焊接接头的质量和性能,查找接头产生缺陷或断裂的原因,以及与焊接方法或焊接工艺之间关系的一种检验方法。金相分析包括光学金相分析和电子金相分析。光学金相分析包括宏观和显微分析两种。

6.1　任务目的

　　① 掌握焊接接头焊缝微观金相组织分析方法和步骤。
　　② 掌握焊接接头焊缝微观金相试样的制取方法。
　　③ 掌握焊接接头焊缝微观金相试验的记录与分析。

1. 焊缝凝固时的结晶形态

(1) 焊缝的交互结晶

　　熔化焊是通过加热使被焊金属的联结处达到熔化状态,焊缝金属凝固后实现金属的焊接的一种方法。联结处的母材和焊缝金属具有交互结晶的特征,图 6-1 为母材和焊缝金属交互结晶的示意图。由图可见,焊缝金属与联结处母材具有共同的晶粒,即熔池金属的结晶是从熔合区母材的半熔化晶粒开始向焊缝中心成长的。这种结晶形式称为交互结晶或联生结晶。当晶体

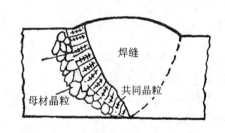

图 6-1　焊缝金属的交互结晶示意图

最易长大方向与散热最快方向一致时,晶体便优先得到成长;有的晶体由于取向不利于成长,晶粒的成长会被遏止。这就是所谓选择长大,并形成焊缝中的柱状晶。

(2) 焊缝的结晶形态

　　根据浓度过冷的结晶理论,合金的结晶形态与溶质的浓度 C_0、结晶速度 R(或晶粒长大速度)和温度梯度 G 有关。图 6-2 所示为 C_0、R 和 G 对结晶形态的影响。由图可见,当结晶速度及和温度梯度 G 不变时,随着金属中溶质浓度的提高,浓度过冷增加,从而使金属的结晶形态由平面晶变为胞状晶、胞状树枝晶、树枝状晶及等轴晶。

　　当合金成分一定时,结晶速度越快,浓度过冷越大,结晶形态由平面晶发展到胞状晶、树枝状晶,最后为等轴晶。

　　当合金成分 C_0 和结晶速度 R 一定时,随着温度梯度 G 的升高,浓度过冷将减小,因而结

晶形态会由等轴晶变为树枝晶,直至平面晶。随着晶粒的成长,熔池中晶粒界面前的浓度过冷和温度梯度也随着发生变化。因而,熔池全部凝固以后,各处将会出现不同的结晶形态。在焊接熔池的熔化边界上,温度梯度 G 较大,结晶速度 R 很小,因此此处的浓度过冷最小。随着焊接熔池的结晶,温度梯度 G 由熔化边界处直到焊缝中心逐渐变小,熔池的结晶速度 R 却逐渐增大,到焊缝中心处,温度梯度最小,结晶速度最大,故浓度过冷最大。由上述分析可知,焊缝中结晶形态的变化,由熔合区直到焊缝中心,依次为平面晶、胞状晶、树枝状晶和等轴晶。

在实际的焊缝金属中,由于被焊金属的成分、板厚、接头形式和熔池的散热条件不同,一般不具有上述的全部结晶形态。当焊缝金属成分较简单时,熔合区将出现平面晶或胞状晶。例如,厚度为 $1\sim1.5\ mm$ 的高温合金 GH30 对接焊时,熔合区便出现胞状晶,如图 6-3 所示。当焊缝金属中合金元素较复杂时,熔合区的结晶形态往往是胞状树枝晶(或树枝状晶),焊缝金属中心则为等轴晶。

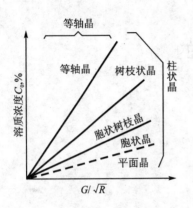

图 6-2 C_0、R 和 G 对结晶形态的影响

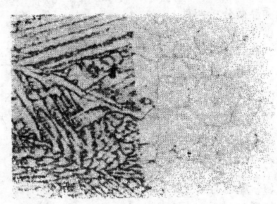

图 6-3 GH30 氩弧焊焊缝熔合区的胞状晶

图 6-4 所示为 1 mm 厚的 1Crl8Ni 9Ti 不锈钢和 1.2 mm 厚的 GHl40 高温合金,氩弧焊时焊缝中心的结晶形态。

焊缝的结晶形态除了受被焊金属成分的影响外,还与焊接速度、焊接电流、板厚和接头形式等工艺因素有关。

2. 不易淬火钢焊接热影响区金属的组织变化

不易淬火钢包括低碳钢、16Mn 等低合金钢。以 20 号碳钢为例,根据其焊接热影响区金属的组织特征,可以分为四个区域,如图 6-5 所示。

(1) 熔合区

紧邻焊缝的母材与焊缝交界处的金属称为熔合区或半熔化区。焊接时,该区金属处于局部熔化状态,加热温度在固液相温度区间。在一般熔化焊的情况下,此区仅有 2~3 个晶粒的宽度,甚至在显微镜下也难以辨认。但是,它对焊接接头的强度、塑性都有很大影响。

(2) 粗晶区

该区的加热温度范围为 1 100~1 350℃。由于受热温度很高,使奥氏体晶粒发生严重的长大现象,冷却后得到晶粒粗大的过热组织,故称为过热区。此区的塑性差、韧性低、硬度高。其组织为粗大的铁素体和珠光体。在有的情况下,如气焊或导热条件较差时,甚至可获得魏氏体组织。粗晶区的显微组织见图 6-6b)。

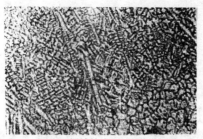

a) GH140焊缝熔合区胞状树枝晶

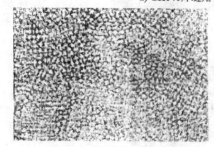

b) GH140焊缝中心等轴晶

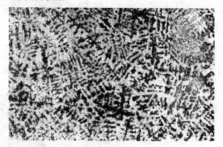

c) ICr18Ni9Ti焊缝中心等轴晶

图 6-4 焊缝中的胞状晶及等轴晶 ×200

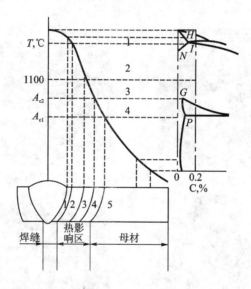

1—熔合区；2—粗晶区；3—细晶区；
4—不完全重结晶区；5—母材
图 6-5 低碳钢焊接热影响区分布特征

（3）细晶区

此区加热温度在 A_{c3}～1 100℃之间。在加热过程中,铁素体和珠光体全部转变为奥氏体,即产生金属的重结晶现象。由于加热温度稍高于 A_{c3},奥氏体晶粒尚未长大,冷却后将获得均匀而细小的铁素体和珠光体,相当于热处理时的正火组织,故又称为正火区或相变重结晶区。该区的组织比退火(或轧制)状态的母材组织细小,如图 6-6c)所示。

(4) 不完全重结晶区

焊接时,加热温度在 $A_{c1} \sim A_{c3}$ 之间的金属区域为不完全重结晶区。当低碳钢的加热温度超过 A_{c1} 时,珠光体先转变为奥氏体。温度进一步升高时,部分铁素体逐步溶解于奥氏体中,温度越高,溶解的越多,直至 A_{c3} 时,铁素体将全部溶解在奥氏体中。焊后冷却时又从奥氏体中析出细小的铁素体,一直冷却到 A_1 时,残余的奥氏体就转变为共析组织——珠光体。由此看出:此区只有一部分组织发生了相变重结晶过程,而始终未溶入奥氏体的铁素体,在加热时会发生长大,变成较粗大的铁素体组织,所以该区域金属的组织是不均匀的,晶粒大小不一,一部分是经过重结晶的晶粒细小的铁素体和珠光体,另一部分是粗大的铁素体,如图 6-6d)所示。由于组织不均匀,因而机械性能也不均匀。

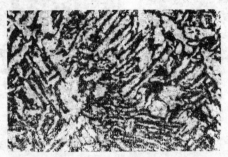

a) 焊缝组织

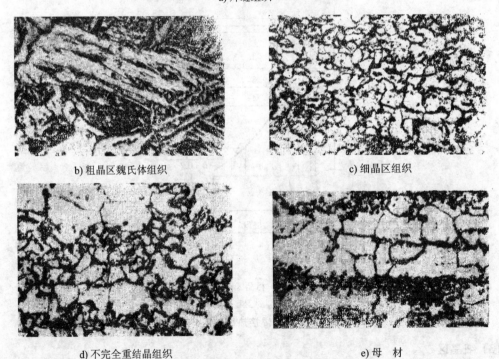

b) 粗晶区魏氏体组织   c) 细晶区组织

d) 不完全重结晶组织   e) 母 材

图 6-6   20 号钢焊接接头金相组织   ×350

如果焊前母材为冷轧状态,则在加热温度为 A_{c1} 以下的金属中,还存在一个再结晶区。处于再结晶区的金属,在加热的过程中,将发生金属的再结晶,即经过冷变形后的碎晶粒在再结晶温度作用下重新排列。

3. 焊接接头宏观金相检验

宏观组织检验一般是直接用肉眼或通过 20～30 倍以下的放大镜来检查经过侵蚀或不经过侵蚀的金属截面,以确定其宏观组织及缺陷类型,能在一个很大的视域范围内,对材料的不均匀性、宏观组织缺陷的分布和类型等进行检测和评定。

对于焊接接头主要观察焊缝一次结晶的方向、大小、熔池的形状和尺寸,各种焊接缺陷如夹杂物、裂纹、未焊透、未熔合、气孔、焊道成形不良等,焊层断面表态,焊接熔合线,焊接接头各区域(包括热影响区)的界限尺寸等。焊接接头金相检验时,一般要先进行宏观金相分析,再进行有针对性的微观金相分析。

宏观金相检验包括低倍分析和断口分析。具体内容如表 6-1 所列。

表 6-1　焊接接头宏观金相组织分析内容

方　法	项　目	检验内容
焊接接头 宏观分析	低倍分析 (粗晶分析)	焊缝柱状晶生长变化形态,宏观偏析,焊接缺陷,焊缝横截面形状,热影响区宽度和多层焊道层次情况
	断口分析	断口组织:裂源及扩展方向,断裂性质(塑性或脆性)及裂纹类型(晶间、穿晶或复合);组织与缺陷及其对断裂的影响

4. 焊接接头微观金相检验

利用光学显微镜(放大倍数在 50～2 000 倍之间)检查焊接接头各区域的微观组织、偏析和分布。通过微观组织分析,研究母材、焊接材料与焊接工艺存在的问题及解决的途径。焊接接头的微观金相检验包括焊缝和热影响区组织分析。

(1) 焊缝的显微组织分析

它包括焊缝铸态一次结晶组织分析和二次固态相变组织分析。

① 一次结晶组织分析。一次结晶组织分析是针对结晶后的高温组织进行分析。一次结晶常表现为各种形态的柱状晶组织。一次组织的形态、粗细程度以及宏观偏析情况,对焊缝的力学性能、裂纹倾向影响很大。一般情况下,柱状晶越粗大,杂质偏析越严重,焊缝的力学性能越差,裂纹倾向越大。

② 二次固态相变组织分析。二次固态相变组织分析是针对高温奥氏体经连续冷却相变后,在室温下的固态相变组织进行分析。

(2) 热影响区显微组织分析

焊接接头的热影响区组织情况十分复杂,尤其是过热区,常存在一些粗大组织,使接头的冲击韧度和塑性大大降低,同时其也常是产生脆性破坏裂纹的发源地。

6.2　任务内容

1. 试样的截取

一般情况下,焊接接头的金相试样包括焊缝、热影响区和母材三个部分。试样的形状和大小没有统一的规定,金相试样不论是在试板上还是直接在焊接结构件上取样,都要保证取样过程不能有任何变形、受热和使接头内部缺欠扩展或失真的情况——这是接头金相试样取样的主要原则。

2. 试样的夹持与镶嵌

① 试样的夹持。对于很小、很薄或形状特殊的焊接件，截取金相试样容易，但制作金相试样却很困难。因此对于太薄、太小、难以磨削的试样，可采用机械夹持的办法。

② 试样的镶嵌。对于易变形、不利于加工处理或本身不易夹持的试样，可采用镶嵌的办法。镶嵌分为冷镶嵌和热镶嵌两种。

3. 试样的磨制与抛光

① 试样的磨制。磨制是为了得到一个平整的磨面。磨制分粗磨和细磨两步，粗磨一般在砂轮机上进行；细磨可在预磨机上进行，也可直接在金相砂纸上磨制。

② 试样的抛光。其目的是把磨面上经磨制后仍留有的极细的磨痕去除。抛光分机械抛光、电解抛光和化学抛光三种。机械抛光在抛光机上进行，靠抛光粉的磨削、滚压作用把磨面抛光；电解抛光是利用电化学作用使磨面平整光洁。这种抛光形式无机械力的作用，比较适合于较软金属的抛光；化学抛光与电解抛光类似，利用化学药品对磨面金屑不均匀的溶解使磨面平整光亮。化学抛光有时又称为化学光亮处理。

4. 试样的显示

显示焊接接头的金相组织的方法有化学试剂显示法、电解侵蚀显示法和彩色金相法三种。

① 化学试剂显示法。现有化学试剂已达数百种之多，可分为酸类、碱类和盐类，其中酸类用得最多，例如硝酸和苦味酸常用来侵蚀普通低碳钢和低合金钢。

② 电解侵蚀剂显示法。其原理与电解抛光相似，由于金属各相之间，晶粒与晶粒之间的析出电位不同，在微弱电流的作用下浸蚀的深浅不一样，从而显示出组织形貌。这种方法主要用于不锈钢、耐热钢、镍基合金等化学稳定性较好的一些合金。

③ 彩色金相法。这是一种新型的显示方法。

6.3 任务实施

(1) 训练所需场地、设备

① 气割或剪板机等下料设备及其相应的场地。

② 刨床或铣床、铣边机、锯床等试板坡口、取样、试样加工设备及其场地。

③ 焊材保管场地及烘干设备。

④ 焊接设备。

⑤ 砂轮机、抛光机、金相砂纸等。

⑥ 电子显微镜或金相显微镜。

(2) 试件制备

焊条电弧焊焊接厚度为 10 mm Q345(16 Mn)钢板 V 形坡口对接，焊件如图 6-7 所示。

(3) 取 样

沿焊缝横向取样如图 6-8 所示虚线处取样。取样不能在头部或尾部，不能在焊接的断弧处或引弧处，不能在焊缝起伏不平、宽窄不一处。可用锯削方法取样留出一定的加工余量。在锯削过程中应适当控制锯削的用力和速度，以免试样过热。

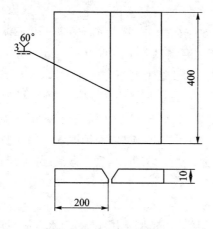

图 6-7　焊件试板简图

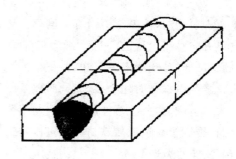

图 6-8　接头横向取样部位

（4）试样的粗磨

用平形砂轮,一般采用深灰色或绿色的碳化硅砂轮。

① 首先确定砂轮有无裂纹或破损,开启砂轮后,砂轮机有无跳动,能否正常工作。

② 操作者站在砂轮一侧进行操作,不能正对砂轮。握持试样时以大拇指、食指和中指施力,将试样的磨面持在手中,并以无名指为辅,控制试样方向,握持试样手势如图 6-9 所示。

③ 用砂轮外侧平面,磨平试样的磨面(观察面)并与其底面相互平行。缓慢地将整个磨面贴向砂轮,手指用力要均匀。同时将试样磨面轻轻在砂轮侧平面边缘 1/2 半径内缓慢地来回移动,以实现磨面的均匀磨削,如图 6-10 所示。

图 6-9　握持试样手势

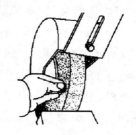

图 6-10　砂轮磨削示意图

④ 在磨制过程中要不断地将试样浸入水中冷却,以防过热。

⑤ 一般情况下,将试样表面磨去 0.5～1.0 mm 后,就可将切割时的表面损伤层去除。仔细观察磨面,若整个磨面已处于同一平面,并且磨削后的条痕粗细及方向均匀一致,就可以停止磨制了,否则应继续磨削,直到磨平为止。

（5）试样的细磨

细磨采用普通的金相抛光机和各种不同粒度的水砂纸细磨。具体步骤如下:

① 将剪好的砂纸压入金相抛光机的磨盘上。卸下抛光机磨盘上的塑料罩、抛光布和紧固套圈,用清水将磨盘清洗干净,特别要注意清除凹槽内的砂粒,将需用的砂纸按抛光盘尺寸剪成稍小的圆片,在圆形砂纸的背面涂上一层防锈黄油或凡士林等油脂,将水砂纸直接贴在抛光机磨盘上,最后装上塑料罩。

② 用抛光机磨制。用三个手指将试样抓稳,试样的磨面应稍突出在外,以无名指为辅,以便控制磨面始终平贴在砂纸上,将磨痕的方向与抛光盘方向垂直,分别进行粗磨(用120、180、220、240、320号砂纸),细磨(用01、03号砂纸)。注意在磨制过程中应保持水砂纸上有水。在试样上用力要均匀,使整个磨面都能磨到。试样在同一张砂纸上磨痕方向要一致,并与前一道砂纸磨痕方向垂直。待前一道砂纸磨痕完全消失时才能更换用下一道砂纸。每次更换砂纸时,必须将试样、玻璃板清理干净,并把手冲洗干净,防止将前一道砂纸上的粗砂粒带到下一道砂纸上。磨制本试样时用力要轻,同时要及时调整试样的受力点,可以在硬度较高的材料一侧施加较大的磨制力,要注意使磨制方向与组分方向垂直或呈一定角度,避免磨制的方向与组分方向平行,否则极易造成较软材料的过度磨损。

(6) 试样的抛光

抛光是在抛光机上进行的。将抛光织物(粗抛常用帆布,精抛常用毛呢)用水浸湿,铺平绷紧并固定在抛光盘上。将适量的抛光液滴洒在抛光盘上,织物纤维带动稀疏分布的极细磨料产生磨削作用,将试样抛光。

采用金相抛光机进行机械抛光。具体步骤如下:

① 开启抛光机开关,使抛光机转动。

② 与试样磨制时的手抓姿势一样,将磨痕的方向与抛光盘方向垂直,将磨面轻压在抛光盘的外缘,抛光时要注意抛光织物的湿度,如果织物变干,要及时向抛光物中央倒入清水或加入抛光液。

③ 抛光30 s后要观察抛光面,若大部分磨痕已经抛浅,继续抛光时,可将试样在盘上按圆形轨迹进行抛光。

④ 抛光至只有少量较浅磨痕时,将试样移至抛光盘中央区,降低抛光速度,同时减少压力作最后精抛光。

⑤ 经数分钟抛光后,仔细观察抛光面,当成为一个均匀光亮平整的表面时,抛光完毕,关闭电源,用无水酒精冲洗抛光面,然后用电吹风吹干抛光面。

抛光时要注意:试样要沿盘的径向往返缓慢移动,同时要逆抛光盘转向自转。在抛光时,经常添加适量的抛光液或清水,以保持抛光盘的湿度,如果发现抛光盘过脏或有较大颗粒时,必须将其冲刷干净后再继续使用。抛光时间尽量缩短,以免使试样表面产生严重的变形层。抛光后的试样在金相显微镜下观察,只能看到光亮的磨面,划痕、水迹、非金属夹杂物、裂纹等也可以看出来。

(7) 试样的腐蚀

用竹夹子夹脱脂棉球,蘸少许硝酸酒精溶液对将抛光面进行腐蚀,30 s左右后用清水冲洗,再用酒精冲洗,同时用电吹风机吹干,再用显微镜检查磨面上是否有划痕、水迹等。只有磨面上没有细微磨痕,在显微镜下观察平整光洁的试样才能在浸蚀后得到真实的显微组织。

(8) 试样的观察

光用低倍镜镜头(放大150倍)观察焊缝区及热影响区全貌,再用高倍镜镜头(450倍)逐区进行观察,如果金相组织没有显示出来,可再继续进行腐蚀。反之若组织色调过于灰黑,失去应有的衬度,则是由于腐蚀过重,必须重复细磨、抛光及腐蚀后再作观察。腐蚀好的试样应保持清洁,不能用手摸或碰擦。

(9) 金相组织的分析

在显微镜下进行观察,分析试样的室温组织特征,并做好记录。分别观察焊缝金属、过热区、正火区、部分重结晶区及母材的组织,并画出各区的组织。

6.4　任务实施报告及质量评定

填写实验报告表,编写实验报告。相关格式见表6-2。

表6-2　金相试验报告

委托单位:　　　　　　　　　　　年　月　日　　　　　　　　试验编号:

名　称		试件编号		热处理状态	
材料牌号、规格		材料代号		焊工钢印	
试验结果					
试验标准				结　论	
评定标准					

试验:　　　　　　　　　审核:　　　　　　　　　批准:

液化罐密封性检验实训

7.1 任务目的

① 掌握气密性试验的方法、步骤和评定标准。
② 编制气密性试验报告。

7.2 任务内容

① 技能训练要求。
② 操作要点指导。
③ 特殊提示。

7.3 任务实施

1. 试验用设备准备与连接

可以在实验室进行模拟训练,也可以到生产现场进行实习。

实验室模拟训练:选择容量为 16 kg 的液化石油气钢瓶为试验容器进行气密性试验,试验压力取 0.2 MPa。试验方法和步骤如下:

1) 试验用设备准备

新液化石油气钢瓶 1 个:购买 1 只尚未使用过的容量为 16 kg 的液化石油气钢瓶,此钢瓶应是合格产品,有质量证明书和合格证,以保证其焊接质量、制造质量经检验合格,并且已经液压试验检验合格。

空气压缩机 1 台:空气压缩机可为气密性试验提供试验介质——压缩空气。空气压缩机的额定工作压力要大于 0.2 MPa,供气压力调整到 0.2 MPa。

压力表 2 只:1 只作为工作压力表,另外 1 只作为监测压力表,量程为 0.6 MPa,精度等级 1.5 级。

钢制空气储罐 1 个:其工作压力要高于 0.2 MPa,容积 1 m³ 左右,且为合格产品,有质量证明书和合格证。

蝶阀 2 只:公称压力 0.6 MPa,公称直径与连通管一致可取 DN40。

弹簧式安全阀 2 只:公称压力 1.0 MPa,排泄压力调至 0.2 MPa,公称直径应满足安全排泄的要求,可取 DN40。

2) 试验用设备连接

将储气罐设置在空气压缩机与液化石油气钢瓶之间,使压缩空气经储气罐输送到液化石油气钢瓶,以保证压缩空气的稳定性。

在储气罐的气体出入口处,各安装一个气阀 3 和气阀 7,在其顶部装上安全阀 4,并在输出端(即液化石油气钢瓶的压缩空气输入端)管道上安装工作压力表 8 和监视压力表 9,在液化石油气钢罐 11 的顶部装上安全阀 10,设备连接如图 7-1 所示。

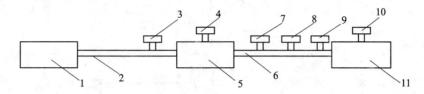

1—空气压缩机;2、6—连通道;3—蝶阀;4、10—安全阀;5—储气罐;
7—蝶阀;8—工作压力表;9—监视压力表;11—液化石油气罐

图 7-1　设备连接示意图

2. 绘制试验曲线图

试验曲线图如图 7-2 所示。

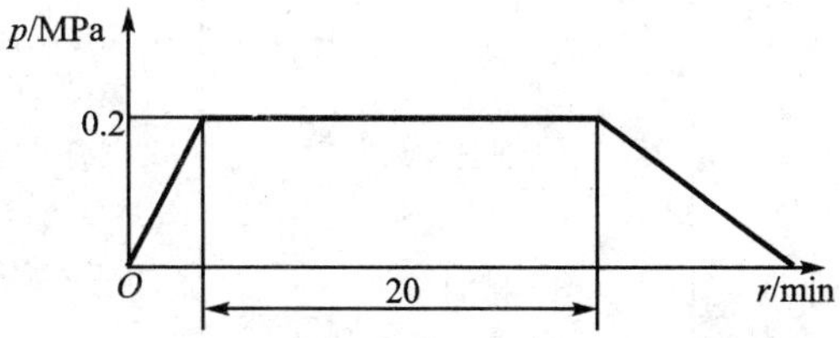

3. 试验环境温度控制

试验时,试验气体温度不得低于 15℃。

4. 试验步骤

① 接通空气压缩机的电源开关,打开储藏罐入口的蝶阀 3 和储气罐出口处的蝶阀 7,给液化石油气钢瓶充气。

② 充气时,调节蝶阀 3,使液化石油气钢瓶内气体压力缓慢上升,同时观察工作压力表和监视压力表读数是否一致,当达到试验压力0.2 MPa 后,关闭蝶阀 3,停止加压,同时关闭空气压缩机的电源。

图 7-2　试验曲线示意图

③ 保压检查。对所有焊接接头和连接部位涂肥皂水,进行气密性检查。当焊缝存在缺陷时,会有气泡出现。如果没有气泡及压力表数值下降现象,即为合格。如有泄漏之处,把缺陷处标示出来,泄压后,进行修补,修补后重新进行气密性试验,直至合格。

④ 泄压试验完毕,缓慢打开蝶阀 3 和蝶阀 7,进行泄压。

7.4　任务实施报告及质量评定

1. 编制气密性试验报告

气密性试验报告的格式如表 7-1 所列。

2. 特殊提示

气密性检查是带气压的检查,故具有一定的危险性,所以进行试验时,要特别注意安全防护措施,严防事故发生。

在不具备试验条件时,可以此为例了解气密性检查的方法、步骤,再到工厂参观气密性试验实例。

表 7 - 1 气密性试验报告

产品名称	液化石油气瓶	制造编号		
试验种类	气密性试验	试验日期	05 年 7 月 20 日	
压力表编号		精度	1.5	量级	0.6 MPa
试验介质	压缩空气	试验环境温度 T /(℃)		28
规定试验压力 p/MPa 规定保压时间 t/min				
实际试验压力 p/MPa 实际保压时间 t/min				
试验结果	试验情况 1. 无渗漏,压力表数值未变化; 2. 无可见的异常变形; 3. 试验过程中无异常的声响。 试验结论:合格 产品检验员:××× 　　　　 检验责任师:××× 　　　　　　　　　　　　　　年 月 日			

学习情境八

压力容器耐压性检验实训

8.1　任务目的

① 掌握水压试验、气压试验的方法、步骤和评定标准。
② 能编制水压、气压试验报告。

8.2　任务内容

① 水压试验方法与技能训练。
② 气压试验方法与技能训练。

8.3　任务实施

1. 水压试验方法与技能训练

(1) 水压试验方法

水压试验是用来检验容器的致密性和强度的一种试验方法。进行水压试验时,环境温度不得低于5℃,当环境温度低于5℃时,要用人工加温,使水温维持在5℃以上方可进行。

1) 试验压力

试验时,先将容器灌满水,彻底排净空气,用水压机逐渐给容器增加静水压力。试验压力一般为设计压力的1.25～1.5倍,即

$$P_T = (1.25 \sim 1.5)P \qquad\qquad (3-3)$$

式中:P_T——试验压力(MPa);

P——设计压力(MPa)。

试验压力的具体数值应先按照 GB 150—1998《钢制压力容器》计算,将结果与《压力容器安全技术监察规程》的规定作比较,取较大者。

2) 试验温度

进行水压试验时,对于碳素钢、16 MnR 和正火 15 MnVR 钢容器,水温不得低于5℃;对于其他低合金钢容器,水压试验时,水温不得低于15℃。如果由于板厚等因素造成材料无延性转变温度升高,则需相应提高试验液体温度;其他钢种的容器,其水压试验的温度按图样规定。

3) 试验步骤

① 试验时容器顶部应设排气口,充水时应将容器内的空气排尽。试验过程中,应保持容器表面的干燥,以便于观察。

② 试验时待压力容器壁温与水温接近时,开始缓慢升压,达到设计压力确认无泄漏后,继续升压至规定的试验压力,根据容积大小保压,保压时间为 10～30 min。然后将压力降至设计压力,并保持足够长的时间(不少于 30 min),同时对所有的焊接接头和连接部位进行仔细检查,如有渗漏,就表示该处焊缝不致密,应把它标示出来,泄压后进行返修,修补后再重新进行水压试验。如果产品在试验压力下,关闭所有的进、出水的阀门,其压力值保持不变,也没有发现任何异常的声响和残余变形,即为合格。

③ 对于夹套容器,先进行内筒水压试验,合格后再焊夹套,然后进行夹套内的水压试验。

④ 对于压力管道,可以用闸阀将管道分成若干段,并依次对各级管道进行水压试验。

⑤ 水压试验完毕后,缓慢降压,将水排尽,再用压缩空气将内部吹干。

另外,对于奥氏体不锈钢制容器等有防腐要求的容器,水压试验后应将水渍清除干净。若无法达到这一要求时,应控制水中氯离子的含量不超过 25 mg/L。

4)编制水压试验报告单

根据试验情况,编制水压试验报告,见表 8-1。

表 8-1 水压试验报告

产品名称		制造编号		
试验种类		试验日期		
压力表编号		精度	量程	
试验介质		水中 Cl 含量		
试验环境温度 $T/℃$		介质温度 $T/℃$		
规定试验压力 p/MPa 规定保压时间 t/min				
实际试验压力 p/MPa 实际保压时间 t/min				
试验结果	合格标准　　　　　　试验情况 1)无渗漏; 2)无可见的异常变形; 3)试验过程中无异常的声响。 试验结论: 产品检验员:　　　　　　　检验责任师: 　　　　　　　　　　　　　年　月　日			

(2)水压试验技能训练

【例 8-1】 某厂生产的钢制压力容器,材质为 20 g 钢,产品的设计压力为 0.4 MPa,制作完毕后,要求进行水压试验。试验压力为 0.5 MPa、保压时间为 30 min。

1)技能训练要求

① 掌握水压试验的方法、步骤和评定标准。

② 编制水压试验报告。

2）操作要点

① 试验用设备准备

ⓐ 试压泵一台。

ⓑ 压力表两只：一只作为工作压力表，另外一只作为监测压力表，量程为 0.6 MPa，精度等级为 1.5 级。

ⓒ 弹簧式安全阀一只：公称压力 1.0 MPa，排泄压力调至 0.5 MPa，公称直径应满足安全排泄的要求，可取 DN40。

ⓓ 空气压缩机一台：用于水压试验完毕，吹干容器内部水分。

ⓔ 排泄阀门一个。

ⓕ 排气用阀门一个。

② 设备连接。将试压泵接通电源，入口接通水源，出口与试验的钢制压力容器相连，在其之间安装监测压力表，压力表与容器之间安装一个控制阀门；容器接通自来水并由阀门控制，容器顶部安装安全阀、引汽阀门和工作压力表，底部安装排泄阀门和排泄管道。

③ 试验场地。试验场地应具备自来水供水系统，以及相应的排水场所。

④ 充水。试验时将容器顶部排气阀门打开，底部排泄阀门关闭，打开自来水控制阀门给容器充水，水温在 20℃ 左右为宜，当容器灌满水后，彻底排净空气，封闭排气阀门。

⑤ 加压。按下试压泵的启动按钮，给容器缓慢加压至设计压力 0.4 MPa，检查确认无泄漏后升压至试验压力 0.5 MPa。

⑥ 保压。当压力达到规定试验压力 0.5 MPa 后，进行保压，保压时间为 30 min，然后将压力降至设计压力 0.4 MPa，关闭进水阀门，并保压 30 min，同时对所有的焊接接头和连接部位进行仔细检查，观察有无渗漏、压力值有无变化，如有渗漏或压力值发生变化，则应把它标示出来，卸压后进行返修，修补后再重新进行水压试验。试验时压力值保持不变，未发现缺陷、渗露和异常，则为合格。

⑦ 排水。水压试验完毕后，打开泄水阀门将水排尽，再用压缩空气将内部吹干。

⑧ 编制水压试验报告（见表 8-2）。

表 8-2　水压试验报告

产品名称	分汽缸		制造编号		×××
试验种类	水质试验		试验日期		2005 年 7 月 20 日
压力表编号	3569 6153	精度	1.5 级	量程	0~0.6 MPa
试验介质	水		水中 Cl 含量		<25
试验环境温度 $T/℃$	28		介质温度 $T/℃$		15
规定试验压力 p/MPa 规定保压时间 t/min					

实际试验压力 p/MPa 实际保压时间 t/min	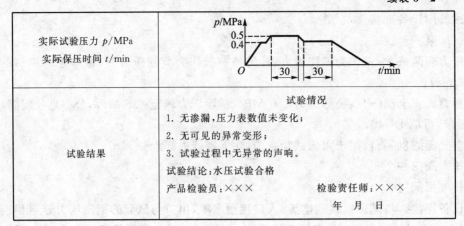
试验结果	试验情况 1. 无渗漏,压力表数值未变化; 2. 无可见的异常变形; 3. 试验过程中无异常的声响。 试验结论:水压试验合格 产品检验员:××× 检验责任师:××× 年 月 日

参考文献

[1] 史耀武. 焊接技术手册[M]. 福州:福建科学技术出版社,2005.

[2] 赵熹华. 焊接检验[M]. 北京:机械工业出版社,2011.

[3] 徐卫东. 焊接检验与质量管理[M]. 北京:机械工业出版社,2008.

[4] 邵泽波. 无损检验技术[M]. 北京:化学工业出版社,2003.

[5] 李亚江,刘强,王娟,等. 焊接质量控制与检验[M]. 北京:化学工业出版社,2005.